Alisher Akramov

Justificativa dos principais parâmetros do agente de tratamento de sementes púberes

Alisher Akramov

Justificativa dos principais parâmetros do agente de tratamento de sementes púberes

ScienciaScripts

Imprint
Any brand names and product names mentioned in this book are subject to trademark, brand or patent protection and are trademarks or registered trademarks of their respective holders. The use of brand names, product names, common names, trade names, product descriptions etc. even without a particular marking in this work is in no way to be construed to mean that such names may be regarded as unrestricted in respect of trademark and brand protection legislation and could thus be used by anyone.

Cover image: www.ingimage.com

This book is a translation from the original published under ISBN 978-620-8-11741-2.

Publisher:
Sciencia Scripts
is a trademark of
Dodo Books Indian Ocean Ltd. and OmniScriptum S.R.L publishing group

120 High Road, East Finchley, London, N2 9ED, United Kingdom
Str. Armeneasca 28/1, office 1, Chisinau MD-2012, Republic of Moldova, Europe
Printed at: see last page
ISBN: 978-620-8-26055-2

ÍNDICE DE CONTEÚDOS

INTRODUÇÃO

A Assembleia Geral das Nações Unidas declarou o dia 7 de outubro como o Dia Mundial do Algodão. A este respeito, em 7 de outubro de 2019, na cidade de Genebra, no fórum realizado, o algodão é reconhecido como uma mercadoria global para a humanidade. No mercado mundial do algodão, o aumento da concorrência pelo mercado, nos países produtores de algodão, o cultivo de novas selecções e zonagens de algodão, com base na melhoria das tecnologias de preparação das sementes de sementeira, a melhoria das qualidades e a redução dos custos de produção e do custo grossista das sementes são tarefas reais.

Do que foi descrito acima, a melhoria das qualidades de sementeira e a redução do custo das sementes no mercado mundial, o aumento da germinação com o tratamento, o aumento da resistência às doenças em todas as fases da preparação das sementes, incluindo a utilização de preparações químicas, a determinação dos factores que afectam negativamente a qualidade e a sua prevenção, a criação de tecnologias de poupança de recursos que reduzam o custo da preparação das sementes continua a ser a tarefa mais prestigiada.

Nos anos do gelo, a república tem vindo a tomar medidas abrangentes para cultivar algodão, desenvolver a sua transformação primária, expandir a gama e os tipos de produtos acabados, incluindo o apoio às oportunidades de exportação para as empresas do sector.

A indústria está a criar clusters algodão-têxteis, a desenvolver a produção de sementes de algodão, o cultivo e a transformação do algodão para produzir produtos acabados de fibras de malha e a tomar medidas para desenvolver um sistema de exportação de produtos acabados.

Tendo em conta a dependência da qualidade do produto, verifica-se que o fator primordial no fabrico de produtos têxteis de qualidade é o desenvolvimento de tecnologia e técnicas para a preparação da sementeira de sementes de algodão [1].

Do exposto, a criação de tecnologia de tratamento de sementes de algodão, proporcionando um tratamento uniforme com o consumo de uma quantidade normalizada de suspensão de trabalho, a melhoria da tecnologia com solução técnica de poupança de recursos é uma tarefa urgente.

De acordo com o Decreto Presidencial UP 5708 de 17 de abril de 2019

"Sobre medidas para melhorar o sistema de gestão estatal na esfera da agricultura", as principais tarefas do Ministério da Agricultura da República do Uzbequistão são: implementação de uma política estatal unificada na esfera da agricultura e segurança alimentar, fornecendo principalmente a digitalização da agricultura, introdução de princípios de mercado nas relações com os sujeitos do setor agrícola, introdução de experiência avançada e realizações da ciência, economia de recursos moderna e agro-rotação intensiva

Com base no que precede, é possível afirmar que o desenvolvimento de um agente de preparação de sementes de algodão, que permita aumentar a uniformidade e a plenitude da preparação, é uma tarefa atual.

Este estudo serve, em certa medida, para cumprir as tarefas estipuladas pelos decretos do Presidente da República do Usbequistão de 7 de fevereiro de 2017 PF-4327 "Estratégia de acções em cinco direcções prioritárias de desenvolvimento da República do Usbequistão em 2017-2021", de 14 de dezembro de 2017 PF-5285 "Sobre medidas para acelerar desenvolvimento da indústria têxtil e do vestuário e malhas", de 28 de novembro de 2019 PP-3408 "Sobre medidas para melhorar radicalmente o sistema de gestão da indústria do algodão", bem como noutros documentos regulamentares aprovados nesta área.

I. ESTADO DA ARTE E OBJECTIVOS DO ESTUDO

1.1. O papel do tratamento das sementes antes da sementeira.

A formação de uma política unificada destinada a aumentar o rendimento das culturas deve basear-se numa proteção fiável das plantas contra pragas, doenças e ervas daninhas através da utilização de meios químicos e biológicos altamente eficazes, pouco tóxicos e respeitadores do ambiente [3].

As doenças mais generalizadas e prejudiciais do algodão incluem a gomose e as podridões radiculares causadas por um complexo de fitopatógenos. A gomose e as podridões radiculares causam uma diminuição da germinação e da densidade do povoamento das plantas [4]. Nas regiões algodoeiras do Uzbequistão, a gomose ocorre em todo o lado. Em graus variáveis, esta doença também é observada anualmente na Arménia, Azerbaijão, Turquemenistão, Tajiquistão, Quirguizistão e sul do Cazaquistão [5, 6].

O tratamento moderno das sementes (material de plantação) antes da sementeira é mais complexo do que a preparação, porque durante este processo, para além dos agentes de preparação fungicidas ou inseto-fungicidas, as sementes (material de plantação) são também tratadas com materiais protectores e estimulantes que contêm estimulantes do crescimento das plantas, microfertilizantes complexos, microelementos individuais e substâncias formadoras de película que proporcionam proteção e estimulação dos processos de crescimento das plantas [7].

O tratamento adequado das sementes antes da sementeira aumenta a sua germinação no campo, reduz a infestação das plantas por pragas e doenças e permite obter um determinado número de plântulas sem desbaste [8, 9, 10, 11, 12, 13].

A utilização de sementes não tratadas para sementeira provoca uma redução do rendimento das culturas. Para limitar a nocividade das doenças virais do trigo, da cevada e da aveia e os danos causados pelas suas pragas (pulgões dos cereais), é mais fiável, economicamente vantajoso e ambientalmente seguro proceder à desinfestação anual das sementes antes da sementeira do que utilizar pulverizações repetidas das culturas com insecticidas de contacto (pré-colheita) e sistémicos (organofosforados, carbonatos), porque os pulgões desenvolvem rapidamente resistência a estes últimos, pelo que a eficácia do tratamento é significativamente reduzida [14].

As perdas de rendimento das culturas devido a doenças, ervas daninhas e pragas podem atingir mais de 30%, dos quais 14% devido a pragas, 12% devido a doenças e 9% devido a ervas daninhas [15].

A prática a longo prazo e a experiência mundial, como já foi referido, provam que cerca de 30% do rendimento poupado depende da qualidade da preparação das sementes e da seleção correta do agente de preparação das sementes [16].

Ainda não há muito tempo, o tratamento de sementes com preparações químicas era necessário para controlar a podridão radicular, a podridão cinzenta, o bolor das neves, a septoriose e o oídio nas primeiras fases de desenvolvimento da cultura [16].

A podridão radicular, uma doença muito comum, encontra-se em todas as zonas de cultivo de algodão do Uzbequistão. Também se encontra disseminada em muitos outros países, como a Rússia, vários países do Sudeste Asiático, China, Egito, EUA, México, etc. [17, 18, 19, 20, 21]. [17, 18, 19, 20, 21].

As podridões radiculares do algodão devem ser consideradas como doenças complexas. São causadas não só por microrganismos do solo, mas também por condições ambientais desfavoráveis durante o crescimento e o desenvolvimento da planta, bem como pela qualidade da mobilização do solo antes da sementeira, pelos cuidados a ter com as plântulas, pela aplicação de fertilizantes, pela irrigação e por outros factores que levam a alterações nos regimes de temperatura, ar e água do solo, aumentando ou diminuindo assim a resistência da planta à doença. As qualidades de sementeira das sementes são particularmente importantes para aumentar a resistência das plântulas à podridão radicular [22].

A podridão radicular das plântulas de algodão é uma doença muito comum. O agente causador da doença é um complexo de microrganismos que vivem no solo - principalmente o fungo Rhizoctonia solani, bem como algumas espécies de Fusarium e outros. Podem desenvolver-se tanto em partes de plantas vivas como mortas. Estes microrganismos causam o apodrecimento de sementes, plântulas, rebentos e mesmo de plantas jovens com a idade das duas primeiras folhas verdadeiras [23].

Foi determinado que o agente patogénico da podridão radicular também afecta as sementes. As sementes afectadas pela gomose são subdesenvolvidas, permanecem fracas e perdem frequentemente a germinação [19]. Por conseguinte, para uma melhor proteção contra as doenças, as sementes de algodão devem ser preparadas para a sementeira [19, 24, 25].

Uma caraterística comum das doenças do algodão acima referidas é a transmissão por semente. No entanto, a importância deste modo não é a mesma para cada doença. Para a murchidão e a homose, a semente é a principal fonte de transmissão de ano para ano. As infecções da podridão radicular encontram-se principalmente no revestimento da semente traumatizada e no solo, e as plântulas são afectadas através dele [17].

O tratamento de sementes antes da sementeira para as proteger de pragas e doenças é uma das medidas necessárias e eficazes [26, 27] e é efectuado para [28, 29, 30, 31, 31, 32, 33, 33, 34, 35, 36]:

- desinfeção das sementes contra os agentes patogénicos transmitidos pelas sementes;

- proteção das sementes semeadas contra as doenças causadas por bolores durante a germinação.

O Mordanting torna-o possível:

- desinfetar as sementes contra os agentes patogénicos das plantas que se transmitem através das sementes;

- proteger as sementes e as plântulas dos danos causados por organismos fitopatogénicos;

- reduzir os danos causados às plântulas pelas grelhas radiculares, bem como aos solos pelas pragas terrestres e residentes na fase inicial de desenvolvimento das plantas;

- reduzir o impacto negativo das lesões traumáticas das sementes, graças à ativação das suas propriedades de defesa e à prevenção do desenvolvimento de microrganismos;

- estimular o crescimento e o desenvolvimento, aumentar a resistência a factores externos desfavoráveis das sementes e plantas devido ao efeito das preparações em alguns processos fisiológicos das sementes e plantas germinadas;

- aumentam a quantidade (até 5 c/ha em média) e melhoram significativamente a qualidade do rendimento [16].

A este respeito, o tratamento pré-sementeira das sementes é uma das principais operações no complexo de medidas de controlo de pragas e doenças das culturas agrícolas nos países industrializados [15, 37, 38]. De acordo com os peritos, as pragas e doenças do algodão causam perdas de rendimento que podem atingir 20-30 % [19, 39, 40].

[2]Na América do Norte, o tratamento de sementes Vitavax aumenta o rendimento do trigo em 7,9% e o rendimento da cevada em 10,8%, aumentando as taxas de germinação, o número de espigas por 1 m e o peso do grão [41].

Em geral, os peritos consideram que só é possível obter uma proteção fiável do algodão contra as doenças se forem utilizadas todas as medidas existentes propostas pelas instituições científicas e as melhores práticas [42].

A preparação das sementes de culturas agrícolas permite aumentar o seu rendimento, qualidade e eficiência de produção [43, 44, 45, 46, 47, 48, 49]. A escolha racional do agente de revestimento e dos meios técnicos para a sua aplicação nas sementes, bem como o tratamento qualitativo das sementes antes do seu revestimento, são uma das primeiras condições para uma produção agrícola eficaz [49, 50, 51].

Os custos do tratamento pré-sementeira são recuperados rapidamente em 7,4...14,6 vezes, e no tratamento de ultra baixo volume com consumo insignificante de preparação química em 70...400 vezes em comparação com sementes não tratadas [52].

As sementes a serem preparadas devem estar em conformidade com a norma nacional [O'z DSt 663:2017] Quadro 1.1.

Quadro 1.1.

Indicadores qualitativos das sementes semeadas

Nome dos indicadores	Norma, %		
	Para as sementes de downy	Para sementes de baixa pubescência	Para sementes nuas
Germinação, não menos	90,0	90,0	90,0

Humidade (fração mássica de humidade), máx.	10,0	10,0	10,0
Detritos (fração mássica de seiva mineral e orgânica), não superior a	0,7	0,5	0,3
Danos mecânicos, não mais	7,0	8,0	8,0
A queda, não mais	-	2,5	0,5
Teor de fibras residuais, máx: - felpudo - para os nus naturais	 0,8 0,4		

As preparações em pó, pastosas e líquidas solúveis em água, as suas taxas de consumo e os tempos de preparação devem igualmente respeitar as normas. A preparação é efectuada a uma temperatura positiva do ar em oficinas especializadas de preparação de sementes [53], ou em áreas abertas e planas, sob telheiros ou em salas bem ventiladas [54]. Indicadores de qualidade do processo tecnológico [16, 53, 55, 56, 57]:

Completude do penso, %	100 ± 20
Desnivelamento da alimentação de sementes e de fluido de trabalho do tratador, %	± 5
Desnivelamento da concentração da suspensão, %	± 5
Irregularidade do fornecimento de pensos, %	±5

1.2. Métodos de tratamento de sementes de culturas agrícolas

A análise da literatura, a investigação científica, bem como a experiência de produção mostram que, atualmente, existem os seguintes métodos de preparação na produção [14, 44, 51, 55, 56, 57, 58, 59, 60, 61] (Fig.1.1):

- penso hidratado;

- penso semi-seco;
- penso húmido
- penso seco;
- tempero fino;
- método de tratamento térmico.

O método mais utilizado para o tratamento das sementes antes da sementeira é o tratamento químico. Este método surgiu no início do século XX e é ativamente utilizado hoje em dia [62]. Regra geral, na Rússia, cerca de 60% das sementes são tratadas em grandes e médias explorações agrícolas e 40% em quintas [63, 64, 65, 66].

O método de tratamento a seco consiste em revestir (pulverizar) ou misturar as sementes com um pesticida em pó. Em comparação com outros métodos, as sementes podem ser tratadas muito antes da sementeira com a menor quantidade de produtos químicos. As sementes tratadas desta forma são bem conservadas e não necessitam de tratamentos adicionais. No entanto, o preparado fica mal retido na superfície das sementes e, devido à pulverização do tóxico, as condições de trabalho sanitárias e higiénicas dos trabalhadores deterioram-se e parte do produto perde-se.

O método semi-seco consiste no tratamento das sementes com suspensões atomizadas, soluções mais fortes de, por exemplo, formalina, e na manutenção das sementes em pilhas durante 2 a 4 horas. Este método proporciona uma elevada uniformidade de cobertura das sementes com pesticidas e cria melhores condições higiénico-sanitárias para os trabalhadores. As suas desvantagens incluem a baixa produtividade e a humidade excessiva das sementes.

^{0}O método térmico de tratamento é utilizado para controlar os agentes patogénicos das sementes de algodão através da imersão das sementes em água aquecida até 50 C. O teor de humidade das sementes é aumentado em 10,15 %. Com este método de tratamento, o teor de humidade das sementes é aumentado em 10...15 %, após o que as sementes devem ser secas até atingirem um teor de humidade condicionado. O método térmico de tratamento deve ser efectuado com a observância precisa do regime, porque a sobreexpressão das sementes em água quente leva a uma diminuição acentuada da germinação das sementes, e a subexpressão não mata a origem infecciosa [67, 68].

O método húmido consiste em molhar as sementes com uma solução de agente de tratamento. As sementes húmidas são embebidas durante 2...3 horas. São mantidas sob um oleado e depois secas. O tratamento húmido é efectuado 2...3 dias antes da sementeira. O método é pouco produtivo e muito intensivo em termos de mão de obra, uma vez que requer custos de mão de obra consideráveis para a secagem após o tratamento.

Outro tipo de tecnologia de tratamento de sementes antes da sementeira é o tratamento por molhagem, em que suspensões, soluções e preparações em pó são aplicadas à superfície da semente com molhagem simultânea ou subsequente com líquido à taxa de 10-30 litros por tonelada. Este método de tratamento tem muitas vantagens inegáveis, diz Mozharova. Por exemplo, a utilização económica da preparação devido à precisão da dosagem do líquido, a boa qualidade do tratamento, a possibilidade de aplicação simultânea com pesticidas, micro e macro-fertilizantes, um pequeno humedecimento das sementes e a não necessidade da sua secagem subsequente, bem como condições de trabalho sanitárias e higiénicas satisfatórias. O processo pode ser mecanizado com elevados indicadores técnicos e económicos. A desvantagem do método é o desprendimento do agente de preparação das sementes à medida que estas secam, a utilização de adesivos para uma melhor retenção das preparações, condições de trabalho sanitárias e higiénicas desfavoráveis e poluição ambiental [2, 60].

O método de tratamento fino consiste em tratar as sementes com uma suspensão - uma mistura mecânica de agente de tratamento pulverizado com água, na qual as partículas mais pequenas do agente de tratamento estão em suspensão.

As suspensões são alimentadas sob alta pressão através das pequenas aberturas dos atomizadores. Deste modo, a taxa de consumo de droga é reduzida, a qualidade da preparação é aumentada e o aumento da humidade das sementes não é superior a 1%. Por conseguinte, as sementes tratadas por este método não necessitam de secagem adicional e podem ser armazenadas durante muito tempo antes da sementeira [14, 44].

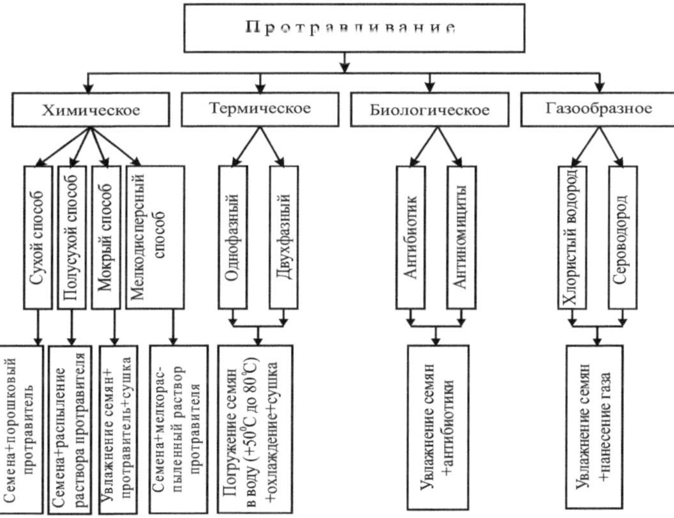

Fig. 1.1. Classificação das tecnologias de tratamento pré-sementeira de sementes

O principal requisito para a preparação é assegurar a elevada qualidade do próprio processo, a fim de realizar a plena eficácia do produto. Para o efeito, devem ser aplicadas uniformemente nas sementes pequenas quantidades de agente de apresto. Para uma preparação de qualidade, devem ser utilizadas sementes cuidadosamente limpas [14].

Assim, os métodos de tratamento considerados e os requisitos agronómicos para os mesmos mostram que existem muitos métodos de tratamento, no entanto, estes têm as suas vantagens e algumas desvantagens, pelo que é necessário trabalhar para o desenvolvimento de um método de tratamento especificamente selecionado.

1.3 Classificação dos métodos de pulverização de agentes de revestimento e tipos de atomizadores

A atomização é a divisão de um jato ou película de líquido num grande número de gotículas e a sua distribuição no espaço (volume do aparelho químico-técnico). Os dispositivos de atomização, equipados com uma ou mais aberturas de bocal, são designados por atomizadores ou bicos, e o fluxo de gotículas - spray. Os métodos de atomização são extremamente diversos [69].

Os pulverizadores utilizados na prática dispersam maioritariamente o fluido de trabalho com o medicamento em gotículas de vários tamanhos, ou seja, formam sistemas polidispersos. O mesmo se aplica às preparações em pó, semelhantes a poeiras [70]. Na melhor das hipóteses, é possível regular o tamanho médio das partículas, e grandes fracções de peso de partículas de diferentes tamanhos reduzem a eficiência do tratamento e afectam negativamente a uniformidade e a área de cobertura. Na literatura, os investigadores citam várias classificações de métodos de atomização de líquidos. No entanto, de acordo com a classificação de L.A. Vitman, B.D. Katsnelson e I.I. Paleev, dois grandes grupos de métodos - métodos mecânicos e pneumáticos de atomização [71, 72] de líquidos e pós - são enfatizados (Figura 1.2).

A atomização hidráulica é determinada pela pressão de alimentação do líquido (0,35-70 MPa). Vantagens: em comparação com outros métodos, consumo económico de energia (2-4 kW por 1 tonelada de líquido), simplicidade e fiabilidade do equipamento; desvantagens: não homogeneidade da atomização, dificuldade em regular o caudal de líquido para uma dada qualidade de trituração e dispersão de líquidos viscosos [69, 73].

O líquido (agente de revestimento) passa através do bocal e, devido à pressão de injeção, adquire uma velocidade suficientemente elevada, sendo depois transformado numa forma que favorece a sua rápida atomização em gotículas individuais [69, 74, 75].

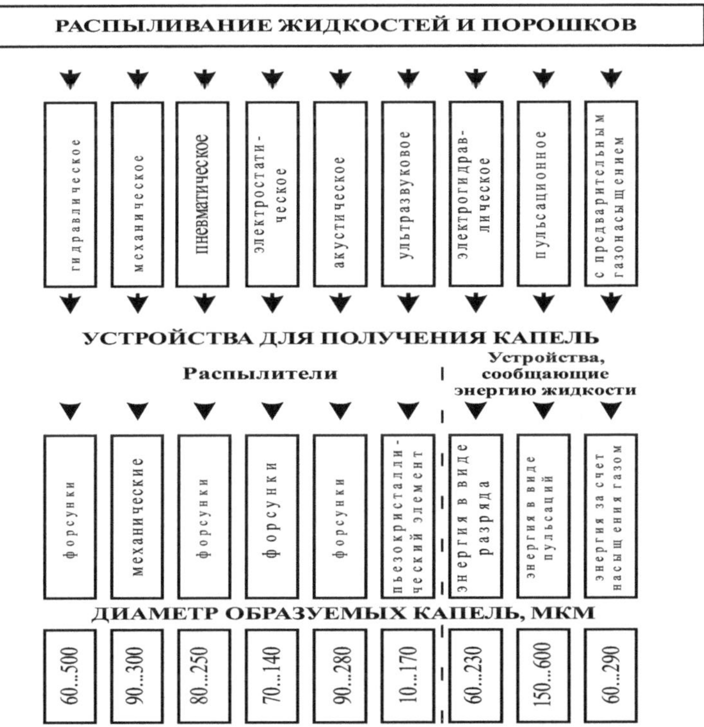

Figura 1.2. Classificação dos métodos de pulverização e tipos de atomizadores

Na atomização mecânica, o líquido é energizado por fricção contra um elemento de trabalho em rotação rápida (disco, copo, estrela, cone, bocal e jato), adquirindo com ele movimento de rotação. Sob a ação de forças centrífugas, o líquido é expelido do atomizador (sob a forma de películas ou de jactos) e dividido em gotículas. Vantagens: possibilidade de dispersar líquidos e suspensões altamente viscosos e poluídos, regulação do seu caudal sem alterar a dispersibilidade, atomização a baixo caudal de suspensões (líquidos) poluídas e altamente viscosas em gotas separadas com o mesmo tamanho ajustável [76, 77]; desvantagens: intensidade energética (15 kW por 1 tonelada de líquido), complexidade de fabrico e funcionamento dos atomizadores. Distinguem-se atomizadores mecânicos de dois grupos: com fornecimento direto de líquido ao elemento de trabalho e imersos (Fig. 1.3 a, b). O primeiro grupo inclui atomizadores com elementos de disco, copo, estrela, bocal e jato, o segundo - disco e cone [69, 71] (Fig. 1.3 c-z).

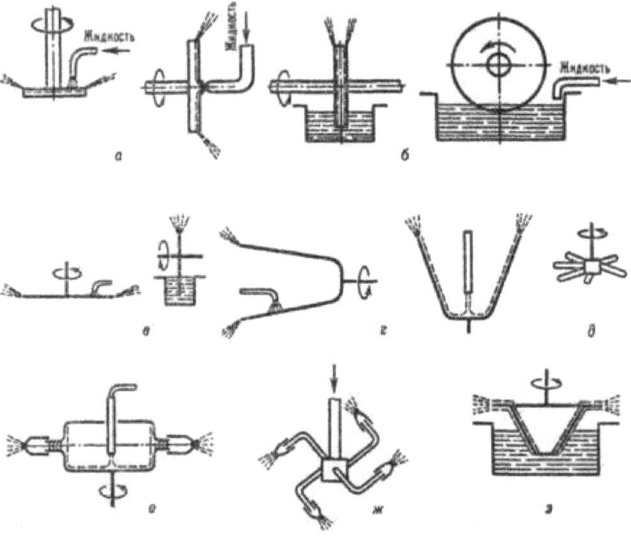

Figura 1.3. Atomizadores mecânicos

O fluxo de líquido através de um atomizador mecânico com um eixo de rotação horizontal (disco) e a formação de gotículas atrás da borda do disco é considerado de forma bastante completa por Dunsky V.F., Nikitin N.V. [78, 76].

A serragem pneumática é causada pela interação do líquido com o gás de serragem, bem como pela mistura resultante com o ambiente. Vantagens: baixa dependência da qualidade da dispersão em relação ao caudal do líquido, fiabilidade dos atomizadores, possibilidade de triturar líquidos de alta viscosidade; desvantagens: elevado consumo de energia (50-60 kW por 1 tonelada de líquido), necessidade de gás de corte e de equipamento para o seu fornecimento. Os bicos deste tipo (Fig. 1.4) dividem-se em grupos: pela perda de carga, pelo local de contacto (mistura externa ou interna), pelo carácter do movimento do fluxo (jato reto ou vórtice com turbilhonamento do gás ou do líquido), etc. [69, 75]. [69, 75].

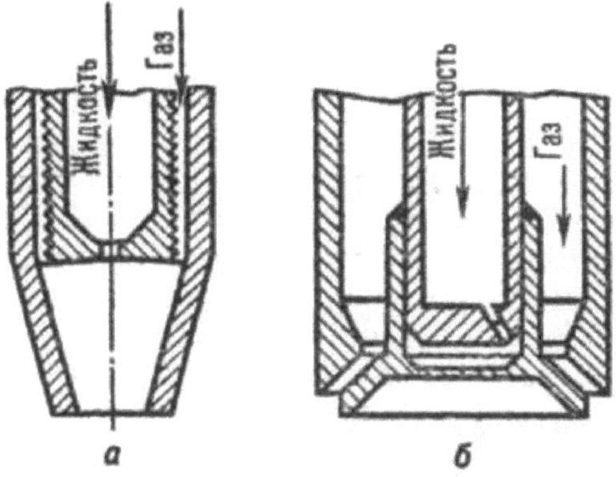

Fig. 1.4. Bicos pneumáticos: *a*- mistura interna com turbilhão de gás, *b*- mistura externa com turbilhão de líquido.

Com a atomização eletrostática, o fluido de trabalho é introduzido numa zona de descarga eletrostática, onde se divide em gotículas individuais sob a forma de uma película. Os bicos com eletrificação artificial da atomização de líquidos dividem-se em três grupos: para aplicação de vários revestimentos, para atomização de líquidos e pós. As desvantagens deste método são a necessidade de equipamento caro e complexo, a sua baixa produtividade e o consumo de energia bastante elevado [79].

A atomização de líquidos pelo método acústico é semelhante à atomização pneumática em vários aspectos; o líquido também recebe energia devido à ação direcional de um fluxo de gás de alta velocidade, mas neste método o fluxo de gás é comunicado por oscilações de frequência ultra-sónica diferente. Isto assegura uma fragmentação fina e homogénea (monodispersa) do líquido em gotículas individuais. Os bicos acústicos são subdivididos de acordo com o tipo de vibrações acústicas geradas por um dispositivo especial e são classificados em cinco grupos de bicos e tipos de gerador: com estático; com vórtice; com dinâmico, etc. O método acústico de atomização é considerado mais económico do que o método pneumático, mas a principal desvantagem é a complexidade da construção deste tipo de bicos [69].

O método ultrassónico de atomização de um líquido permite atomizá-lo em gotículas bastante finamente dispersas. A atomização é realizada quando o líquido é alimentado ao elemento do gerador magnetostrictivo ou piezoelétrico, que está no modo de oscilação com frequência ultra-sónica. Os dispositivos técnicos que atomizam o líquido em gotículas pelo método ultrassónico têm uma capacidade reduzida (0,5-6 kg/h), além disso, a sua conceção é difícil de fabricar e dispendiosa [69].

As mesmas desvantagens são observadas no método de atomização por pulsação. Os fluxos de pressão pulsante actuam sobre o fluxo de líquido, aumentando a energia da película líquida e, consequentemente, a atomização em pequenas gotas. Este método é utilizado em combinação com vários métodos: mecânico, hidráulico e pneumático.

Infelizmente, como pode ser visto na classificação, estes atomizadores, com exceção dos mecânicos, não são capazes de criar sistemas monodispersos a partir de soluções de trabalho viscosas. Apenas alguns dispositivos são conhecidos, permitindo criar gotas com aproximadamente o mesmo tamanho entre 5-50 microns - capilares, conta-gotas, tambores perfurados rotativos [76]. Infelizmente, a sua aplicação na conceção de dispositivos técnicos para o tratamento pré-sementeira é extremamente difícil devido à baixa produtividade e à incapacidade de trabalhar com líquidos altamente viscosos.

Nas tecnologias existentes, os requisitos agrotécnicos são feitos principalmente para a preparação e os meios técnicos da sua realização. E mesmo nesses casos não existem requisitos modernos regulamentados para este tipo de dispositivos. Por isso, atualmente, é necessário desenvolver requisitos para a utilização de métodos tecnológicos seguros para o ambiente e melhorar os esquemas tecnológicos de tratamento e os dispositivos técnicos e, em primeiro lugar, como os mais promissores, utilizados para o tratamento com biopreparações e microelementos. Para este efeito, é necessário revelar as direcções de melhoria dos meios técnicos de tratamento pré-sementeira das sementes.

1.4 Factores que determinam a qualidade da preparação das sementes

A qualidade da preparação depende de muitos factores relacionados com o estado da semente, as caraterísticas do agente de preparação e a sua forma pré-propositada, a construção e o esquema tecnológico da máquina de preparação.

Em todas as oficinas especializadas de preparação de sementes da República, o controlo de qualidade da preparação é efectuado por comparação visual da amostra de sementes preparada com uma norma especialmente preparada para o efeito. Todos os anos, antes do início da época de preparação das sementes para sementeira, são preparadas para todas as lojas (as normas do ano anterior são actualizadas) normas de sementes preparadas para sementeira. Para o efeito, retira-se das sementes preparadas para a preparação uma pequena quantidade de sementes preparadas para a preparação e pesa-se a quantidade necessária de agente de preparação (suspensão de trabalho) para ser aplicada à amostra. Até à data, este processo tem sido efectuado manualmente, ou seja, após a aplicação do agente de apresto às sementes, a mistura é feita manualmente.

A fim de facilitar o trabalho manual e a mecanização da preparação de padrões de sementes púberes preparadas, o autor desenvolveu e fabricou um dispositivo para a preparação de padrões [80]. Futuramente, para verificar a fiabilidade dos resultados das experiências realizadas neste trabalho, foram utilizados os étalons de sementes de púberes preparadas por este dispositivo.

O principal requisito para a preparação é assegurar a elevada qualidade do próprio processo, a fim de obter a plena eficácia do produto. Para o efeito, devem ser aplicadas pequenas quantidades de agente de apresto de forma homogénea nas sementes. Para uma preparação de qualidade, devem ser utilizadas sementes cuidadosamente limpas. Esta limpeza adicional impede, de forma económica e fiável, que as sementes técnicas entrem no agente de apresto [14].

Também deve ser notado que a qualidade do curativo só pode ser alcançada se for realizada por pessoal qualificado, tendo em conta a combinação correta de todos estes componentes. Um curativo de alta qualidade só pode ser alcançado se os seguintes critérios forem atendidos [51, 61]:

- Em primeiro lugar, é necessário respeitar com exatidão os consumos recomendados, ou seja, a quantidade de corretivo necessária para um determinado volume de sementes;

- Em segundo lugar, a preparação, respetivamente o ingrediente ativo, deve ser distribuída uniformemente por toda a superfície de cada grão individual;

- Em terceiro lugar, o adesivo utilizado no agente de revestimento deve garantir que toda a dose de ingrediente ativo aplicada ao grão seja retida, mesmo após esforços mecânicos como o armazenamento, o ensacamento, o transporte e a sementeira;

- Em quarto lugar, a traumatismo das sementes, depois de preparadas, não deve exceder as normas dos requisitos agrotécnicos.

A qualidade da preparação depende de muitos factores diferentes. A análise mostra que os factores que determinam a qualidade da preparação das sementes das culturas podem ser agrupados em quatro grupos principais (Fig.1.5):

- propriedades físicas e mecânicas das sementes;
- propriedades físico-químicas da preparação do penso;
- factores tecnológicos;
- factores que dependem da conceção da máquina de tratamento.

Fig 1.5 Diagrama estrutural dos factores que influenciam a qualidade da gravação

O primeiro grupo de factores inclui o modo de funcionamento e os ajustamentos tecnológicos do agente de tratamento. Uma vez que a definição do modo de funcionamento e os ajustamentos tecnológicos da máquina de tratamento são efectuados pelo pessoal operacional, este grupo de factores pode ser referido como factores humanos. Por conseguinte, as pessoas que estão familiarizadas com o dispositivo, os ajustamentos tecnológicos e os modos de funcionamento da máquina de tratamento são autorizadas a trabalhar. Muito depende da qualificação do pessoal de trabalho, da forma como ajustam a máquina de tingir aos modos de trabalho, da forma como preparam a solução de trabalho.

O esquema estrutural e tecnológico do preparador de sementes, a conceção de cada corpo de trabalho, o material dos corpos de trabalho e os parâmetros geométricos dos corpos de trabalho podem ser referidos como factores construtivos. Propriedades físico-mecânicas das sementes:

humidade, pulverulência, tamanho, peso a granel, uniformidade do tamanho, dureza, peso por mil sementes, espessura, etc., etc.

1.5 Situação e desenvolvimento dos métodos e meios técnicos de preparação das culturas.

Para o tratamento a seco, a B.N. Emelin propõe uma máquina de tratamento com barra (Fig.1.4). O processo tecnológico desenrola-se do seguinte modo: o operador introduz periodicamente a barra 8 no monte de cereais. Abre a válvula de fecho 6 da barra no início da sua imersão no grão e fecha-a antes de retirar a ponta de serra.

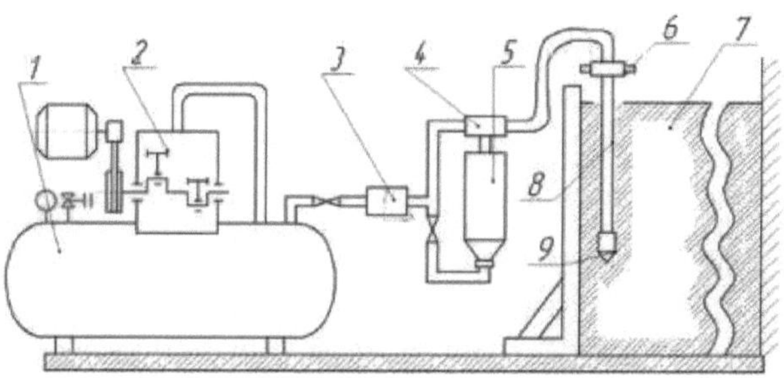

Fig. 1.6. Lança etchant B.N. Emelin: 1-recetor; 2-compressor; 3-separador de água-óleo; 4-válvula de inversão; 5-dosador de pesticidas; 6-válvula de fecho; 7-template-overlay; 8-lança; 9-cone.

Os pós secos têm a vantagem de serem fáceis de utilizar. Mesmo nas instalações mais simples, por exemplo, tambores ou betoneiras, é garantida uma distribuição muito boa e uniforme nos grãos. Além disso, as sementes podem ser tratadas independentemente da temperatura ambiente, mesmo em caso de geadas fortes [81].

No entanto, no caso de um revestimento seco, a deterioração da aderência da preparação tem um efeito negativo. Em determinadas condições, isto pode levar à emissão de poeiras no local de trabalho do pessoal e a perdas significativas da preparação (até 30 %) [61].

Tal como refere I.P. Maslo [82], as condições sanitárias e de higiene do trabalho deterioram-se. Estas desvantagens são reduzidas pela humidificação das sementes e do pó durante a preparação (Fig. 1.7).

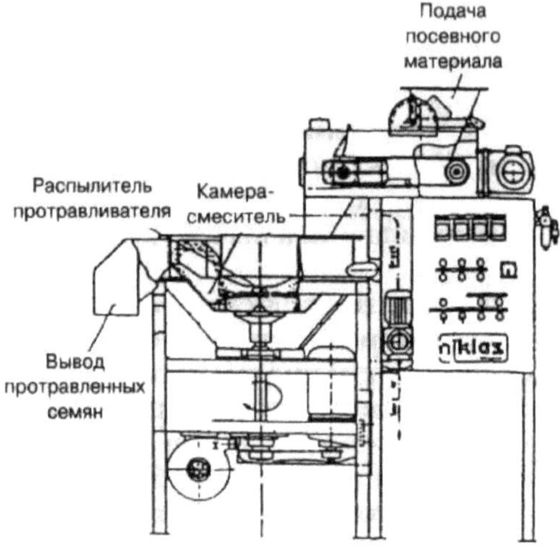

Fig. 1.7 Máquina de tratamento de sementes estacionária totalmente automática para tratamento húmido e incrustação de sementes com controlo eletrónico (Niklas)

As instalações de tratamento húmido incluem uma câmara de pulverização através da qual a semente tratada passa como uma camada fina, que é pulverizada com a quantidade necessária de agente de tratamento [61].

Uma influência especial na distribuição uniforme da preparação na semente tem uma influência especial na conceção do equipamento técnico em termos de câmaras de preparação e tratamento, bem como no tipo de dispositivo para alimentar a preparação e a semente na câmara de tratamento. Existem dois tipos principais de dispositivos técnicos para o tratamento: máquina de fluxo - o fornecimento de preparação e sementes para a câmara de tratamento é contínuo; máquina de lote - um certo peso de sementes é fornecido à câmara de tratamento com uma certa quantidade medida de preparação. Considera-se que as máquinas do tipo fluxo têm maior produtividade, mas menor uniformidade de deposição da droga na semente. Nos países da Europa Ocidental, todas as instalações de tratamento de sementes são de tipo estacionário e em linha. As sementes são alimentadas por meio de elevadores ou de um sem-fim de carregamento separado [83, 84].

Atualmente, a produção moderna de agentes de tratamento de sementes para culturas agrícolas é realizada nas seguintes direcções [85, 59, 86].

a) Cópia da conceção e do princípio de funcionamento das máquinas de vestir de parafuso e de câmara produzidas em série nos últimos anos, com base na utilização de componentes modernos (bombas, reguladores de pressão, dispositivos eléctricos, sistemas electrónicos de automatização, controlo remoto) e materiais (aço inoxidável, produtos poliméricos, etc.).

Entre estes meios técnicos, são principalmente utilizados os descascadores de grãos de câmara móvel de alta eficiência PK-20 "Super" ("Lvovagromashproekt", Ucrânia), PS-5 "Farmer" (Bielorrússia) (Figura 1.8), PS-10A ("Gatchinselmash", Rússia) (Figura 1.7), com a ajuda dos quais as sementes preparadas são carregadas no carregador automático dos semeadores, e os preparadores de parafuso como PNSh-5 e PNSh-3 ("Lvovagromashproekt") ou Gramax-V (Farmgep) com embalagem de sementes preparadas em sacos.

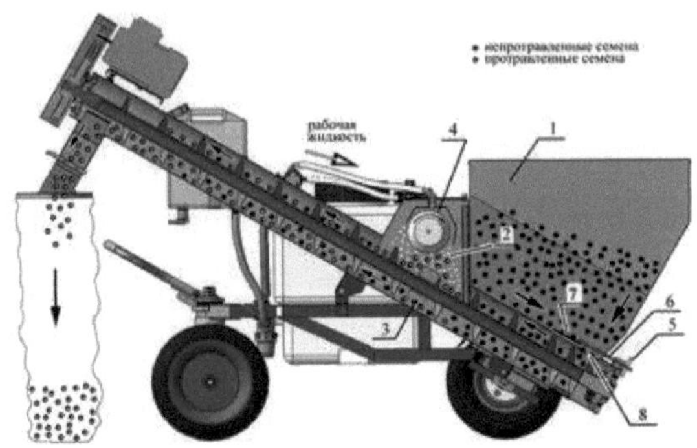

Figura 1.8: Esquema tecnológico de funcionamento da máquina de ensaiar PS-5 "Farmer": 1-bunker; 2-câmara de ensaiar; 3-lâminas do agitador; 4-bocal; 5-volante de regulação; 6-parafuso de regulação; 7-câmara do doseador de grãos; 8-janela do doseador.

Quadro 1.2.

Caraterísticas técnicas do PS-5 "Farmer

Produção por 1 hora (em trigo), toneladas/hora	0,7-3,4
Completude do penso, %	100±20
Danos mecânicos nas sementes, %, igual ou inferior a	0,5
Aumento do teor de humidade das sementes, em %, não superior a	1,0
Irregularidade na alimentação das sementes, %, máx.	±5
Desnível de alimentação do fluido de trabalho, %, não mais, não mais	±5
Consumo de energia, kW, não superior	1,4
Dimensões totais na posição de trabalho, mm	2300×1270×1470
Consumo específico de energia, não superior, kWh/t	0,42

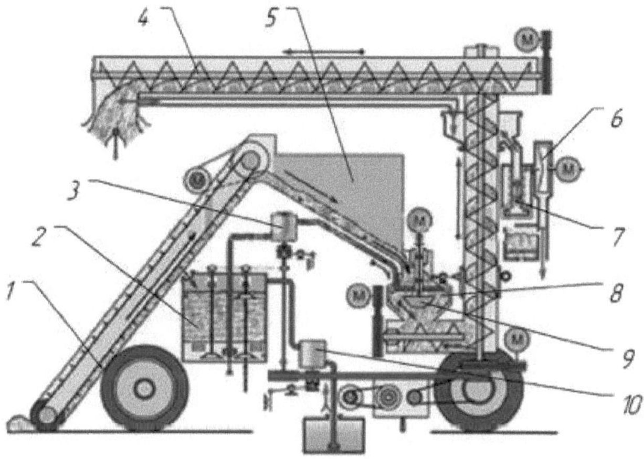

Fig.1.9 Esquema da máquina de tratamento de sementes PS-10AM: 1 - transportador de carga; 2 - reservatório do líquido de trabalho; 3 - doseador; 4 - sem-fim de descarga; 5 - tremonha de sementes; 6 - ventilador; 7 - filtro; 8 - câmara de tratamento; 9 - disco de pulverização; 10 - bomba.

Quadro 1.3.

Especificações técnicas PS-10AM

Produção por hora de tempo de base, toneladas	até 20
Capacidade do depósito, litros	200
Caudal de dosagem, l/min	0,5-3,5
Velocidade de deslocação durante a manobra, m/s	0,4
Necessidade de potência, kW	5,6

b) Melhoria da conceção e do esquema tecnológico, bem como do princípio de funcionamento das máquinas de acabamento produzidas em série no passado, com as seguintes alterações

- simplificação da conceção e redução do consumo de energia através da redução dos processos tecnológicos (auto-alimentação com água, aquecimento elétrico do líquido de trabalho, possibilidade de rotação e inclinação do sem-fim de descarga, exclusão do sistema de aspiração e limpeza do ar envenenado, etc.). As máquinas de tratamento de sementes de fabrico russo PS-20M-4, PSS-20, UPS-10 podem ser mencionadas como exemplo (Fig. 1.8);

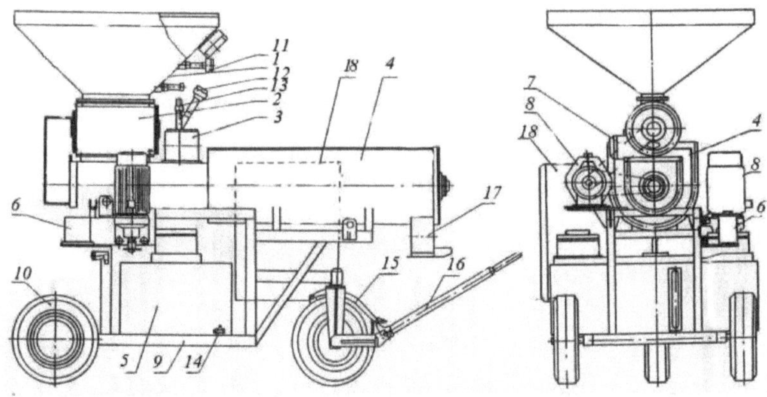

Figura 1.8 Diagrama esquemático da instalação da unidade de tratamento de sementes pré-semeadura UPS-10 1-tremonha de receção; 2unidade de dosagem de sementes; 3-câmara de pulverização; 4-câmara de mistura; 5-tanque de líquido de trabalho; 6-bomba de dosagem; 7-dispositivo de pulverização; 8-acionamento elétrico; 9-chassis; 10-roda motriz; 11, 12-sensor de nível; 13-tubo de abastecimento; 14-bico de drenagem; 15-freio de estacionamento; 16-haste de tração; 17-dispositivo de descarga (porta-sacos); 18-painel de controlo.

Quadro 1.4.

Especificações técnicas UPS-10

Capacidade de tratamento de sementes de trigo, toneladas por hora	10
Gama de controlo da alimentação do fluido de trabalho unidade de dosagem, l/min	0,5-3,5
Alimentação irregular da semente a tratar do material e do fluido de trabalho, %	±5
A não homogeneidade da distribuição dos componentes da lama no volume do recipiente do líquido de trabalho não deve exceder, no processo de funcionamento, %	5
Trituração de sementes, %, não mais	0,5
Dimensões totais, mm	1200×2900×2300
Peso, kg	850±50

- utilização de novas soluções técnicas na conceção do sem-fim e da câmara para melhorar a qualidade de aplicação do líquido de trabalho na superfície das sementes: sem-fim com possibilidade de movimento axial, dispersores de sementes de disco turbo, grelhas em cascata, atomizadores de líquido de trabalho de disco (plano, ondulado) ou de bico. Aqui, podemos referir os preparadores de sementes PS-20 (Rússia) (Fig. 1.9); ST 2-10/ ST 5-25 (firma "Petkus" Alemanha) (Fig. 1.10); preparador de sementes de parafuso de acordo com a patente da Federação Russa №2217897 (Fig. 1.11) [87]; preparador de sementes de câmara de acordo com a patente da Federação Russa №2316925 (Fig. 1.12) [88];

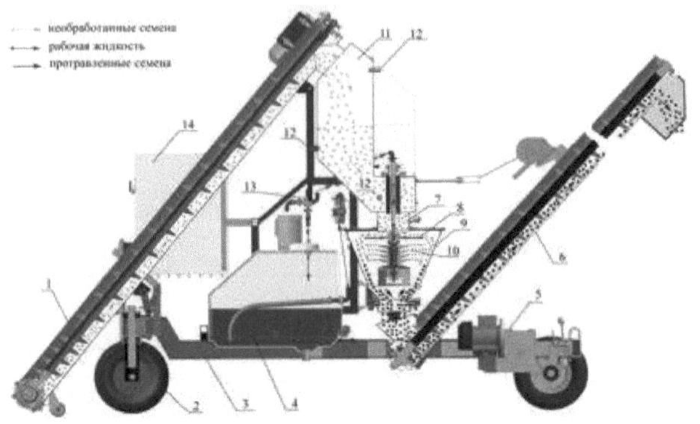

Fig. 1.9 Processo tecnológico da máquina de dressar PS-20

1-tremonha de carga; 2 rodas; 3 estrutura; 4-tanque para pesticidas; 5-mecanismo de auto-deslocação; 6-tremonha de descarga; 7-doseador de sementes; 8-disco dispersor; 9-câmara de preparação; 9-pulverizador; 10-disco em cascata; 11-bunker de sementes; 12-sensores; 13-doseador de pesticidas; 14-placa de controlo.

A máquina de tratamento de sementes de câmara PS-20 (Fig. 1.9) é uma máquina automática de movimento automático com acionamento elétrico dos mecanismos principais e consiste nas seguintes unidades de montagem: tremonha para acumulação de sementes, câmara de tratamento, tanque para o líquido de trabalho, bomba doseadora, sem-fim de descarga, sem-fim de carga, mecanismo de rotação das rodas dianteiras, autopropulsão, unidade de controlo do fluxo de líquido, armário de controlo.

O fornecimento de sementes e de fluido de trabalho à câmara de tratamento é sincronizado por três sensores montados na tremonha de sementes [48, 54].

Tabela 1.5.

Caraterísticas técnicas do PS-20

Capacidade (trigo), toneladas/hora	20
Completude do penso, %	100±20
Danos mecânicos nas sementes, %, igual ou inferior a	1,0
Aumento do teor de humidade das sementes, em %, não superior a	0,5
Irregularidade na alimentação das sementes, %, máx.	±5
Desnivelamento da alimentação do fluido de trabalho, %, não mais	±5
Consumo de energia, kW	6
Peso, kg	750

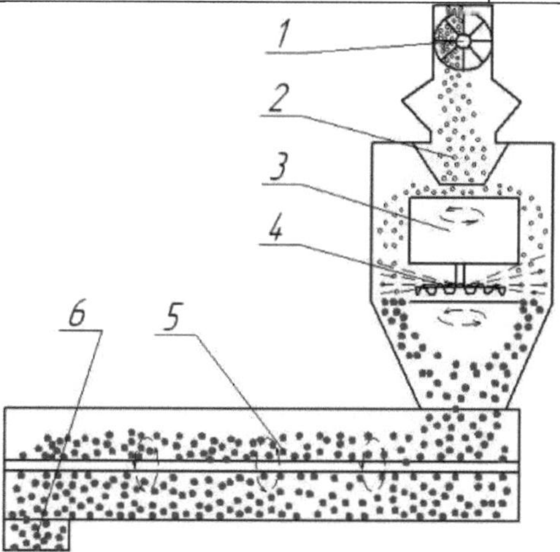

Fig. 1.10. Diagrama esquemático da máquina de tratamento ST 2-10 PETKUS: 1-gaveta doseadora; 2-tremonha de alimentação; 3-disco distribuidor; 4-disco de corte; 5-misturador adicional; 6-saída.

Quadro 1.6.

Dados técnicos ST 2-10 PETKUS

Capacidade (trigo), toneladas por hora	2-10
Potência do motor instalada :	

Disco, kW Dispositivo de limpeza (opcional), kW Misturador adicional, kW	0,55 0,18 1,1
Unidade de medição da comporta, kW	0,37

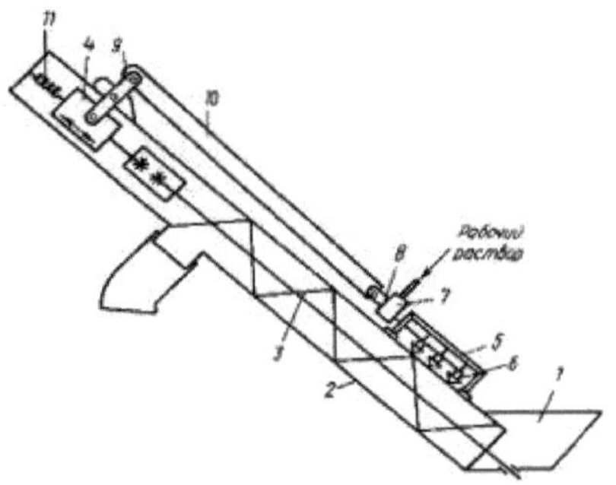

Fig. 1.11. Esquema da máquina de tratamento de sementes de rosca sem fim, patente RF n.º 2217897: 1-copa; 2-casco; 3-parafuso; 4-sensor; 5-barra; 6-pulverizador; 7-dosador; 8-mecanismo executivo do dosador; 9-alavanca de dois ombros; 10-haste de tração; 11-mola.

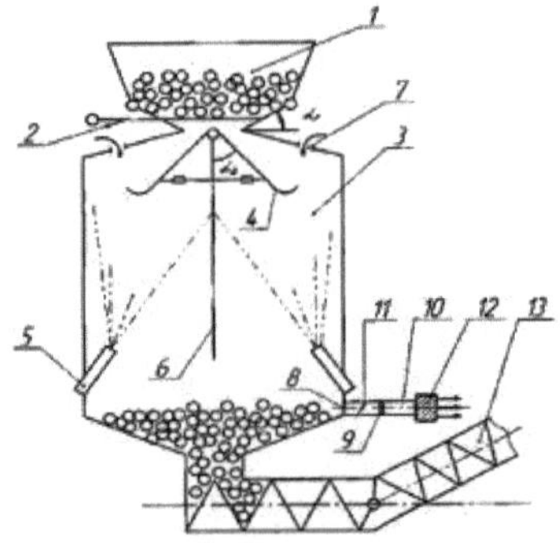

Fig. 1.12. Máquina de tratamento de sementes em câmara, patente RF n.º 2316925: 1-copa; 2-borboleta; 3-câmara de tratamento; 4-distribuidor; 5-pulverizador; 6-falta; 7-orifício de ventilação; 8-tubo de aspiração; 9-ventilador; 10-tubo; 11-borbo; 12-filtro; 13-parafuso.

São utilizadas várias modificações de máquinas de preparação para a preparação de sementes de algodão nas lojas de preparação das fábricas de algodão e nos pontos de abastecimento. Assim, para a preparação de sementes de algodão nuas, são utilizadas as máquinas de preparação APKh-5, 2-OSKh, UOSKh-6, bem como um conjunto de equipamento KPS-15 e um conjunto semelhante de equipamento KPS-19, e para a preparação de sementes de algodão com casca é utilizada uma máquina de preparação modernizada UOSKh-6, SP-3M, I-JS-8/L (Yubus Espanha) (Fig. 1.13), ou um conjunto de equipamento KPKh-6 [89].

Fig. 1.13. I-JS-8/L, cobertura de sementes (Eubus, Espanha)

No espanador de sementes I-JS-8/L, o doseador de sementes é operado por lotes, a quantidade necessária de pasta é aplicada a uma determinada porção de sementes, que é definida pelo pessoal de operação. Se a produção de sementes for alterada, a quantidade de lama tem de ser ajustada novamente. Por conseguinte, a qualidade da preparação das sementes depende da qualificação do trabalhador.

Os complexos KPH-6, KPS-15 e KPS-19 possuem conjuntos completos de sistemas para a preparação de soluções de trabalho de agentes de revestimento e o seu fornecimento doseado para o revestimento [90]. Para a preparação da suspensão (solução) de trabalho do agente de revestimento e o seu fornecimento doseado para o tratamento, é utilizado o esquema apresentado na Figura 1.14.

O sistema funciona da seguinte forma. A quantidade necessária de água é vertida no tanque 3 (Fig.1.14) e a quantidade calculada de agente de cura é carregada com agitação constante.

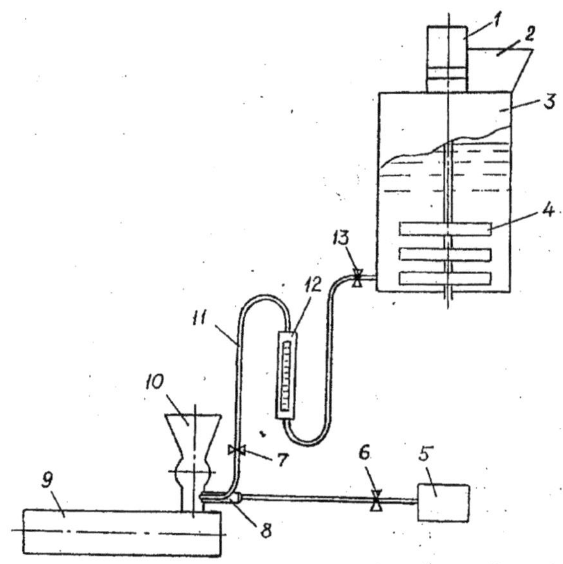

Fig.1.14. Esquema de um sistema simplificado de preparação de soluções de trabalho de agentes de curativos e seu fornecimento doseado para curativos: 1-motorredutor; 2-canal de fornecimento de preparação; 3-capacidade (tanque) de preparação e fluxo de suspensão; 4-irrigador; 5-compressor; 6-ventilador; 7-ventilador; 8-bico; 9-coletor; 10-doseador de sementes com funil; 11-canal de fornecimento de suspensão de agente de curativo; 12-rotâmetro; 13-guindaste.

A agitação é continuada até que o agente de revestimento esteja dissolvido ou se obtenha uma suspensão homogénea.

A lama é fornecida ao agente de revestimento 9 por pulverização com o bocal 8 após a abertura da válvula 13 e a regulação do seu caudal com a válvula 7. O caudal da lama é controlado por meio de um rotâmetro

A desvantagem deste sistema é a dificuldade de manter o nível da lama acima do penso, o que exige um controlo mais cuidadoso do caudal da lama, ou seja, da posição do flutuador do rotâmetro 12.

Nas lojas de preparação da República, para a preparação de sementes de algodão, são introduzidos funis de dosagem de sementes [91], nos quais é aplicado o mecanismo de dosagem desenvolvido com base em patentes [92, 93] (Fig. 1.15).

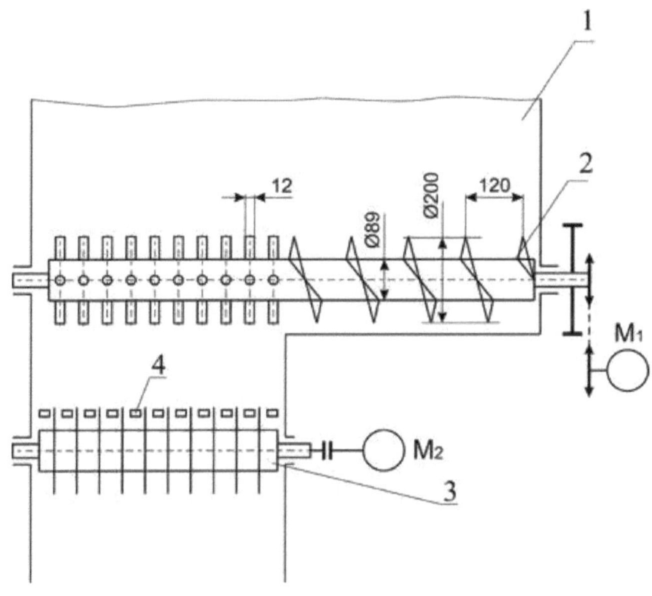

Fig.1.15 Diagrama esquemático do mecanismo de dosagem do doseador de tremonha

1- tremonha; 2- rolos combinados; 3- cilindro de serra; 4- espigão.

A desvantagem desta unidade de dosagem é o abatimento no topo do cilindro de serra devido ao desfasamento entre a alimentação de sementes pelos tambores de estaca e a capacidade do cilindro de serra.

Além disso, após a tremonha do doseador, a semente é levantada para o topo com a ajuda do elevador de baldes da semente, pelo que a semente é introduzida na câmara de tratamento de forma irregular.

O autor, no laboratório da JSC "Paxtasanoat ilmiy markazi", com o objetivo de eliminar as desvantagens acima mencionadas dos agentes de corrosão, desenvolveu um esquema melhorado da unidade de corrosão e produziu uma amostra experimental [94, 95, 96, 97, 98, apêndices 1 e 2] (Fig. 1.16, 1.17, 1.18 e 1.19):

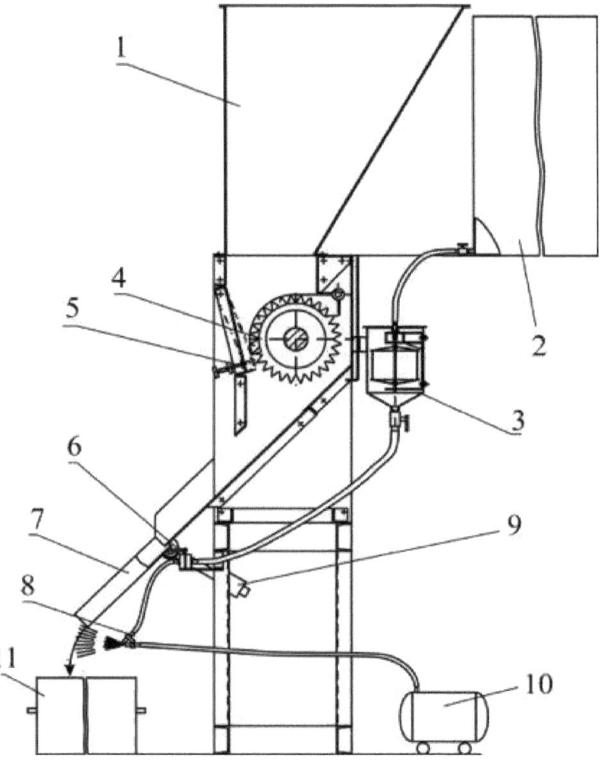

Fig.1.16 Esquema do princípio da máquina de tratamento de sementes de sementeira desenvolvida: 1-tremonha; 2-tanque de suspensão; 3-tanque de pressão; 4-distribuidor de sementes de sementeira; 5-abasor; 6-guindaste;

7-tabuleiro oscilante; 8-bocal; 9-contrapeso; 10-compressor; 11-tambor para mistura de sementes.

Fig.1.17. Vista geral da unidade experimental de preparação de sementes de algodão com sementes de downy

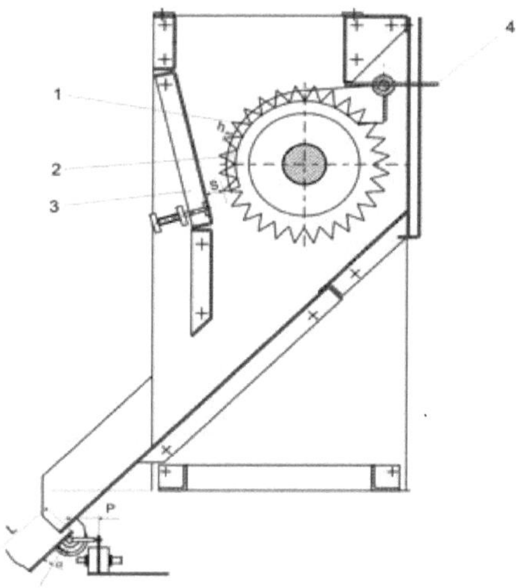

Fig.1.18. Diagrama esquemático de um doseador melhorado e simplificado de sementes de cana-de-açúcar: 1 cilindro em estrela; 2 coluna; 3 parede de regulação; 4 haste de regulação.

Fig.1.19. Vista geral do estabilizador automático da quantidade de suspensão de agente de curativo com um bocal, dependendo da produção de sementes (direita) e da formação de gotas de suspensão com um bocal (esquerda).

Como resultado de estudos preliminares, foram obtidos os seguintes indicadores de agente de tratamento de sementes descartado:

Tabela 1.7.

Produção de sementes, kg/hora	4000
Necessidade de potência, kW	0,75
Velocidade de rotação do cilindro doseador de sementes, rad./min	60
Diâmetro do cilindro doseador de sementes, mm	250
Dimensões totais, mm: -comprimento -largura	 642 370

-altura	2100
Peso, kg	250

Numericamente, a qualidade da preparação é determinada por três indicadores: a integridade da preparação, a uniformidade da distribuição das preparações nas sementes individuais, o grau de retenção (por vezes, é utilizado o valor inverso - o grau de estilhaçamento).

O primeiro indicador depende de factores subjectivos, em particular do pessoal que trabalha no penso, e deve, por conseguinte, ser constantemente monitorizado por especialistas. A integridade do penso é determinada [3]:

$$П = \frac{Q_{ж}}{H} \times 100\% \qquad (1.1)$$

em que $Q_{ж}$ - é o peso efetivo da preparação sobre as sementes, kg/t;

H - taxa de consumo recomendada, kg/t.

Os dois indicadores restantes dependem pouco de factores subjectivos e, de um modo geral, mantêm-se bem.

1.6. Declaração do problema de investigação

Tendo em conta o que precede, o objetivo do presente trabalho é desenvolver e estudar o processo de tratamento das sementes de algodão semeadas com downy, permitindo melhorar a qualidade do tratamento das sementes antes da sementeira com pesticidas.

Para cumprir a tarefa em causa, é necessário

1. Estudo das sementes de algodão preparadas para o tratamento, como objeto de investigação.
2. Estudos teóricos e experimentais da conceção selecionada do dispositivo de penso e fundamentação dos principais parâmetros e modos de funcionamento do dispositivo de penso, a fim de garantir a exaustividade e uniformidade necessárias do penso.

3. Realizar e investigar experimentalmente a conceção selecionada do dispositivo de preparação em condições laboratoriais e de produção, determinar a sua avaliação agrotécnica, energética, técnica e económica e introduzi-lo na produção

1.7 Conclusões

1. Dos métodos conhecidos de controlo das doenças do algodão, que são transmitidas de ano para ano através das sementes, o mais eficaz, atualmente e num futuro próximo, é o tratamento químico da superfície das sementes contra os agentes patogénicos.

2. Existem dois tipos principais de dispositivos técnicos de tratamento: a máquina de fluxo, que introduz a preparação e as sementes na câmara de tratamento de forma contínua; a máquina de lote, que introduz na câmara de tratamento uma determinada quantidade de preparação para um determinado peso de sementes. As máquinas de tipo em linha são consideradas de maior produtividade.

3. A qualidade da preparação depende de muitos factores diferentes. A análise mostra que os factores que determinam a qualidade da preparação das sementes das culturas podem ser agrupados em quatro grupos principais: propriedades físicas e mecânicas das sementes, propriedades físicas e químicas do agente de preparação, factores tecnológicos e factores que dependem da conceção do agente de preparação.

4. Os pulverizadores utilizados na prática dispersam maioritariamente o líquido de trabalho com a preparação em gotas de vários tamanhos, ou seja, formam sistemas polidispersos. Na melhor das hipóteses, é possível regular o tamanho médio das partículas, mas grandes fracções de peso de partículas de diferentes tamanhos reduzem a eficiência do tratamento e afectam negativamente a uniformidade e a área de cobertura da superfície da semente pelo agente de tratamento.

5. Foram desenvolvidos e introduzidos na produção muitos tipos de tecnologias e meios técnicos para a preparação de sementes de culturas agrícolas. No entanto, até à data, não existem soluções perfeitas para melhorar a integralidade da preparação, ou seja, a compatibilidade entre a quantidade de agente de preparação fornecida e a produtividade das sementes preparadas.

II. BASE TEÓRICA PARA O CÁLCULO DOS PARÂMETROS DA PLANTA DE TRATAMENTO DE SEMENTES DE ALGODÃO

2.1. Justificação dos parâmetros da zona de recolha e arrastamento de sementes no esquema de alimentação recomendado

Na máquina de tratamento de sementes recomendada, é possível regular a capacidade de alimentação de sementes alterando os valores da saliência dos dentes do tambor em relação às grelhas da fábrica. A Fig. 2.1 mostra os esquemas de localização (orientação) das sementes de algodão no espaço entre os dentes, alterando a altura da saliência dos dentes em relação à grelha. A Fig. 2.1 *a* mostra o esquema da localização da semente a $h<7,0$ mm. Tendo em conta que o tamanho da semente atinge (10,0÷12,0) mm e a sua orientação entre o espaço dos dentes, podem ser consideradas duas variantes. Na primeira variante, o centro de gravidade da semente encontra-se fora do círculo exterior dos dentes superiores do tambor. Neste caso, a semente não será apanhada e arrastada pelo tambor dentado. Na segunda variante, o centro de gravidade da semente encontra-se no espaço entre os dentes do tambor. Neste caso, as sementes serão arrastadas para a zona de alimentação. Assim, com $h<7,0$, até 50 % das sementes serão apanhadas e arrastadas para a zona de alimentação. A Fig. 2.1 b mostra o esquema em que $h=7,0$ mm e as sementes são arrastadas necessariamente numa só camada. O aumento da altura da saliência dos dentes da grelha aumenta correspondentemente a quantidade de sementes arrastadas para a zona de alimentação.

O aumento de h para 10,0 mm (ver Fig. 2.1 c) aumenta o número de sementes arrastadas para a zona de alimentação em 1,5 vezes. O aumento de h para 13,0 mm permite que as sementes de algodão sejam arrastadas em duas ou mais camadas.

É importante estudar o processo de agarramento e arrastamento da semente pelos dentes do tambor. A Fig. 2.1 e mostra o diagrama de cálculo, que apresenta as forças que actuam sobre a semente em posição estática [91].

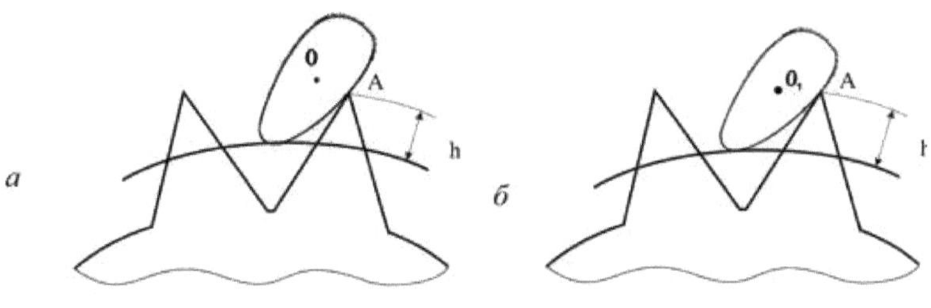

a- a altura exterior dos dentes em relação à grelha h<7,0 mm;

b - a h=7,0mm;

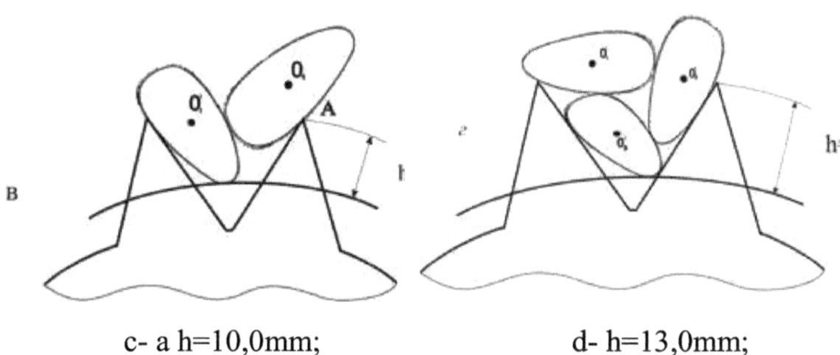

c- a h=10,0mm;

d- h=13,0mm;

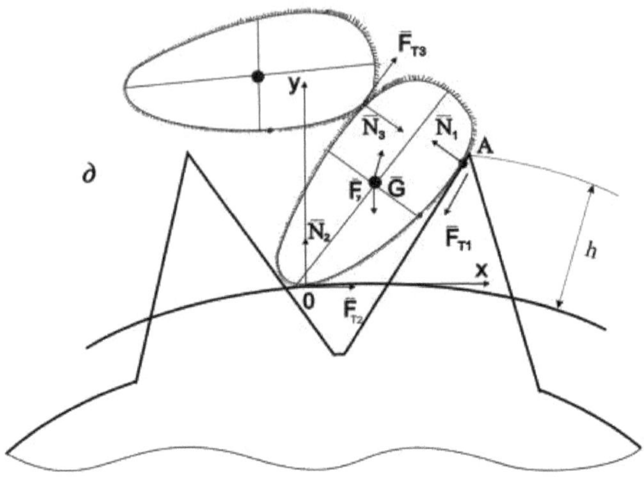

Fig.2.1 Esquemas de disposição das sementes entre dentes de diferentes valores de saliência dos dentes da grelha: esquema de cálculo d da interação das sementes com os dentes do tambor.

Considerámos teoricamente a condição de equilíbrio da semente no espaço inter-dentes. Determinemos a condição de inclinação da semente quando ela é apanhada e transportada pelos dentes do tambor. Do esquema de cálculo (Fig.2.(e)) resulta que as seguintes forças actuam sobre ela: $\overline{G}$-força peso, $\overline{N}, \overline{F_{T_1}}$-forças de reação e de atrito entre a semente e a superfície do dente do tambor; $\overline{N_2}, \overline{F_{T_2}}$-forças de reação e de atrito entre a semente e a superfície da grelha; $\overline{N_3}, \overline{F_{T_3}}$- forças de reação e de atrito entre a semente e as sementes vizinhas na zona de preensão e de arrastamento para a zona de alimentação. Além disso, a inércia e a força centrífuga actuam sobre a semente capturada.

Considerando que a semente não se move sobre a superfície do dente, a força de inércia será zero. A força centrífuga será:

$$F_y = m\omega^2 R \qquad (2.1)$$

em que m-massa de sementes; ω-é a velocidade angular do tambor dentado; *R*-raio de localização do centro de massa da semente em relação ao eixo de rotação do tambor.

Considerando a condição de equilíbrio da semente, tomando os momentos das forças que atuam na semente em relação ao ponto A, temos

$$Gh_G + N_3h_3 - N_2h_2 - F_{\text{П}}h_{\text{П}} - F_{T_1}h_1' + F_{T_2}h_2' = 0 \tag{2.2}$$

em que, $h_G, h_{\text{П}}, h_2, h_3, h_1', h_2'$-mãos das forças correspondentes em relação ao ponto A da resistência da semente e à superfície do dente do tambor.

Para que a semente permaneça no espaço interdentário, ou seja, para que a semente fique presa e seja puxada, é necessário cumprir a condição:

$$Gh_G + N_3h_3 - F_{T_2}h_2' \geq N_2h_2 + F_{\text{П}}h_{\text{П}} + F_{T_3}h_3' \tag{2.3}$$

Uchitivaya:

$$G = mg;\ F_{T_2} = f_2N_2;\ F_{T_3} = f_3N_3;\ h_2' = h$$

Determinar o valor da saliência do dente do tambor em relação à grelha:

$$h \geq \left[\frac{h_2}{f} + \frac{N_3}{fN_2}\left(f_3h_3' - h_3\right) + \frac{m\left(\omega^2Rh_{\text{П}} + gh_G\right)}{fN_2}\right] \tag{2.4}$$

$_{3}{}^{-3-12}{}_{23}$Na reação numérica (2.4) foram considerados os seguintes parâmetros: f=0,3; f =0,4; m=(0,12÷0,18)-10 kg, ω=6,28c ; R=0,125m; g=9,8 m/s ; N =(0,4÷0,7)H; N =(0,3÷0,5)H.

$_{23}$ A análise da solução do problema (2.4) mostra que, com o aumento do número de sementes que interagem na zona de captura e arrastamento, os valores de N e N podem aumentar de 2,0 a 3,0 vezes. 23Ao arrastar uma camada de sementes, N e N atingem 0,7 N e 0,5 N, respetivamente. 2323No arrastamento de duas camadas, o fluxo de sementes N e N atinge 1,25 N e 1,0 N, e no arrastamento de (2,5÷3,0) camadas, o fluxo de sementes de algodão N e N atinge 2,0 N e 1,5 N, respetivamente. -3-3-3Assim, de acordo com (2.4), a altura da protuberância dos dentes do tambor a partir da grelha para um fluxo de sementes de camada única é de (7,0÷7,5)×10 m, para um fluxo de sementes de camada dupla a altura da protuberância dos dentes é de (11,0÷13,0)×10 m, e para um fluxo de sementes de camada (2,5÷3,0) arrastadas pelos dentes do tambor o valor de h deve ser superior a (15,0÷17,0)×10 m. -3Tendo em conta os estudos experimentais efectuados com uma produtividade de (4,0÷4,5) t/h, os valores recomendados de h são (7,0÷10,0)×10 m.

2.2 Determinação da trajetória da semente até à régua inclinada do semeador

Na conceção recomendada, as sementes são introduzidas na guia inclinada por um cilindro dentado. Ao mesmo tempo, tendo em conta a velocidade inicial de voo das sementes, estas caem em diferentes partes da guia. É importante determinar a trajetória das sementes que caem no plano inclinado da guia a partir da alteração dos parâmetros do sistema.

O diagrama de cálculo para determinar o movimento das sementes é apresentado na Fig. 2.2. Neste caso, a força do peso e a força de resistência do ar actuam principalmente sobre a semente. Para determinar a maior trajetória do movimento da semente, não negligenciamos as forças de resistência do ar (devido à sua pequenez).

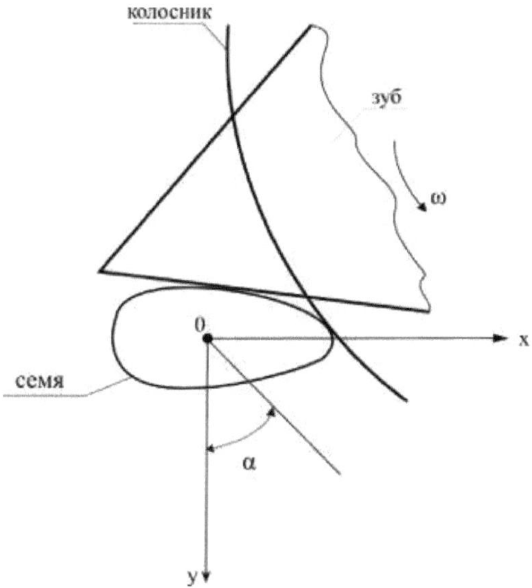

Fig.2.2 Esquema de cálculo

Então o sistema de equações diferenciais que descreve o movimento da semente tem a forma [99]:

$$m\frac{d^2x}{dt^2} = 0$$

$$m\frac{d^2y}{dt^2} = mg \qquad (2.5)$$

em que, m-massa da semente; $t -$ tempo; $x, y -$coordenadas do movimento da semente; $g -$aceleração da queda livre.

No momento inicial:

$$x_0 = 0; \frac{dx}{dt} = V_0 cos\alpha;$$

$$y_0 = 0; \frac{dy}{dt}$$

$$- V_0 sin\alpha \qquad (2.6)$$

Ao fazê-lo.

$$V_0 = \omega(R - a) \qquad (2.7)$$

em que, ω -é a velocidade angular do tambor dentado; R –é o raio externo do tambor dentado; a é a distância entre a circunferência externa do tambor e o centro de massa da semente.

Integrando duas vezes a primeira equação (2.5), obtém-se

$$\frac{dx}{dt} = c_1;\ x = c_1 t + c_2 \qquad (2.8)$$

Tendo em conta as condições iniciais em t=0, determinamos as constantes de integração:

$$c_2 = V_0 cos\alpha;\ c_1 = 0$$

Obtém-se então a seguinte solução para o problema:

$$x = V_0 t cos\alpha;\ \dot{x} = \frac{dx}{dt}$$

$$= V_0 cos\alpha \qquad (2.9)$$

Integrando duas vezes a segunda equação (2.5) obtemos:

$$V_y = \dot{y} = gt + c_1^{'} \qquad ;$$

$$y$$

$$= \frac{gt^2}{2} + c_1^{'} t + c_2 \qquad (2.10)$$

Tendo em conta as condições iniciais de acordo com (2.6), determinamos as constantes de integração:

$$t = 0;\ c_1^{'} = 0;\ c_2^{'} = V_0 sin\alpha$$

(2.11)

Então a solução da segunda equação (2.5) será:

$$\dot{y} = V_y = \frac{dy}{dt} = gt + V_0 sin\alpha;$$

$$y = \frac{gt^2}{2} + V_0 t sin\alpha \qquad (2.12)$$

Tendo em conta que a altura de queda das sementes do tambor dentado para a guia inclinada é conhecida (dentro de certos limites), a partir da segunda equação (2.12) é possível determinar o tempo de voo das sementes:

$$t = \frac{V_0 sin\alpha \pm \sqrt{V_0^2 sin^2\alpha + 2gh}}{g} \qquad (2.13)$$

O valor obtido de *t* substituindo na solução (2.9) temos:

$$x = V_0 \left[\frac{V_0 sin\alpha \pm \sqrt{V_0^2 sin^2\alpha + 2gh}}{g}\right] cos\alpha \qquad (2.14)$$

Ao resolver numericamente o problema para determinar a trajetória da semente, foi tida em conta a distância do eixo do tambor ao tabuleiro inclinado da estrutura 0,230 m, e na zona da aba 0,264 m. Dado que a frequência de rotação do tambor dentado é de 60 rpm, tomamos α dentro de

$\left(\frac{\pi}{6} \div \frac{\pi}{4}\right)$.

A velocidade linear inicial da semente será:

$$V_0 = \omega(R - a) = (0{,}734 \div 0{,}740)\ \text{м/c}$$

Assim, R=0,125 m; a=(5, 0 ÷$^{-3}$6,5)×10 m.

A solução numérica do problema é apresentada sob a forma de gráficos, trajectórias do movimento das sementes na zona entre o tambor dentado e o tabuleiro inclinado, que são mostrados na Fig.2.3. A análise das trajectórias obtidas do movimento das sementes mostra que com o aumento da velocidade do tambor dentado (ver Fig.2.3a) a componente horizontal da trajetória aumenta. $^{-1-1}$Assim, na primeira dependência, à velocidade angular do tambor dentado de 5,6 s, a trajetória do movimento das sementes será não linear e atinge o tabuleiro inclinado a y=0,214 m e x=0,072 m, e à velocidade angular de 7,0 s as coordenadas das sementes na superfície do tabuleiro inclinado atingem y=0,102 m e x=0,196 m. Isto significa que, com o aumento da velocidade angular do tambor dentado, aumenta a coordenada da trajetória das sementes no eixo horizontal e diminui no eixo vertical. É de notar que o aumento da coordenada da trajetória das sementes no *eixo x* leva a um aumento dos valores do movimento das sementes no tabuleiro, o que é indesejável.

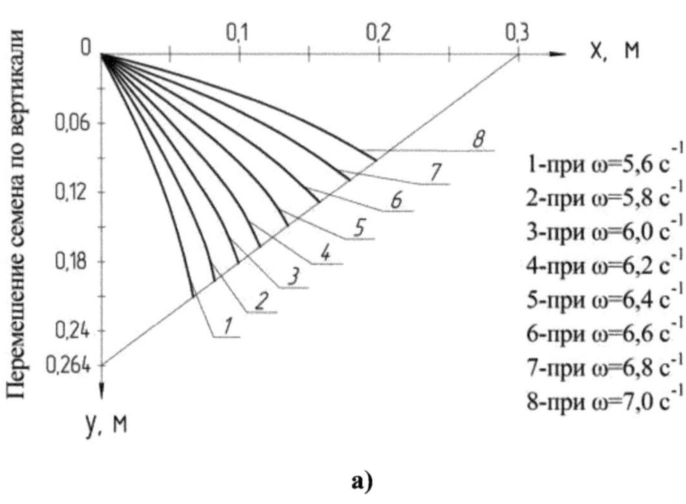

a)

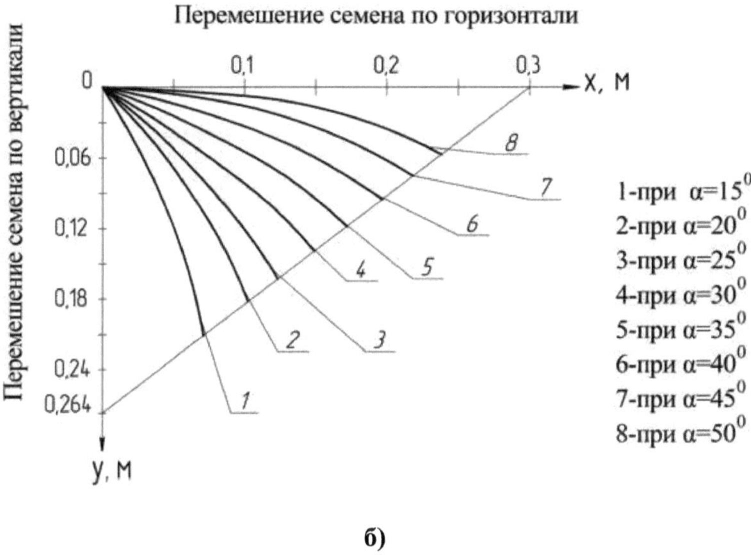

б)

Fig. 2.3 Trajetória do movimento da semente de algodão na zona entre o tambor dentado e o tabuleiro inclinado: a - alteração da velocidade do tambor dentado; b - alteração do ângulo de ejeção da semente dos dentes do tambor.

O aumento da coordenada no eixo vertical do movimento das sementes pode levar a uma acumulação significativa de sementes na zona de entrada do sistema de dosagem, o que também não é desejável. $^{-1}$Por isso, a velocidade angular do tambor dentado (6,0÷6,35) com , com a qual se obtém uma distribuição mais uniforme das sementes no tabuleiro inclinado do aparelho, é considerada a mais aceitável.

A análise dos gráficos da Fig. 2.3 b mostra que o aumento do ângulo de ejeção da semente dos dentes do tambor, em função da fase de localização do dente, conduz a um aumento da coordenada X. Ao mesmo tempo, quanto maior for o ângulo α de ejeção da semente, maior será a componente horizontal do vetor da velocidade linear da semente no momento inicial da ejeção. [00]Para assegurar uma distribuição uniforme das sementes na calha inclinada, considera-se razoável $\alpha=20 \div 30$.

2.3 Estudo do movimento da semente de algodão no tabuleiro inclinado da máquina de tratamento

No projeto recomendado para a máquina de tratamento de sementes, é importante assegurar uma alimentação uniforme das sementes na área de aplicação da suspensão. Por conseguinte, é razoável estudar o movimento das sementes de algodão no tabuleiro inclinado. A Fig. 2.4 mostra o diagrama do desenho do tabuleiro inclinado da máquina de tratamento de sementes. As sementes são movidas principalmente ao longo da bandeja pela força do seu peso. Uma parte das sementes pode ser deslocada por envolvimento (atrito de rolamento).

As forças que actuam principalmente sobre as sementes situadas na superfície do tabuleiro inclinado são as seguintes: força do peso; força de atrito $\bar{G}$a força de atrito $\bar{F}_{\text{тр}}$ da semente contra a superfície do tabuleiro; $\bar{N}$-força de reação; $\bar{F}_{\text{и}}$-força de inércia. Se designarmos os eixos coordenados X e Y, a semente deslocar-se-á apenas ao longo do eixo X e ao longo do eixo Y=0.

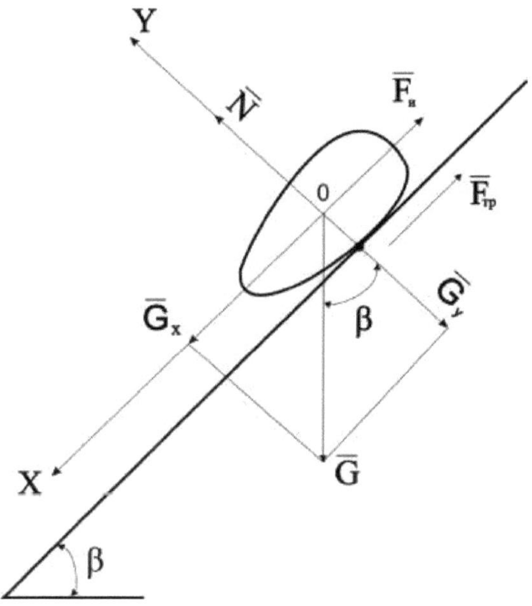

Fig. 2.4. Esquema de cálculo

Neste caso, as equações de movimento da semente ao longo dos eixos de acordo com [100] serão:

$$m_c\ddot{x} = Gsin\beta - fGcos\beta$$

$$m_c\ddot{y} = N - Gcos\beta$$

(2.15)

Onde, m_c – [-3 20]massa da semente; (0,124÷0,13)×10 kg; aceleração de queda livre g=9,81 m/s; ângulo de inclinação do tabuleiro β=45; coeficiente de *atrito* da semente na superfície do tabuleiro, *f=0,3.* Considerando y=0, N = Gcosβ.

B binário inicial $x_0 = 0, y_0 = 0$,

$$\dot{x} = \dot{x_0}cos\beta;\ \dot{y} = \dot{y_0}sin\beta$$

A primeira equação do sistema de equações diferenciais (2.15) será:

$$m_c\ddot{x} = G(sin\beta - fcos\beta)$$

(2.16)

Integrando duas vezes a equação diferencial (2.16), obtém-se

$$\dot{x} = gt(sin\beta - f cos\beta) + C_1,$$

$$x = \frac{gt^2}{2}(sin\beta - f cos\beta) + C_1 t + C_2 \qquad (2.17)$$

12Dadas as condições iniciais em t=0; C =0; C =0, temos:

$$\dot{x} = gt(sin\beta - f cos\beta); x = \frac{gt^2}{2}(sin\beta - f cos\beta)$$

(2.18)

-3De acordo com as dependências obtidas na Fig.2.3, a coordenada da semente que cai sobre a superfície do tabuleiro no eixo x, bem como o comprimento desde o eixo do cilindro até à zona de suspensão do tabuleiro inclinado 0,5·10 m, determinamos a distância de deslocação da semente no tabuleiro inclinado, (0,67÷0,7) m. Esta é a distância máxima de deslocação da semente que se encontra na posição mais à direita na superfície do tabuleiro. Em média, essa distância será de (0,40÷0,52) m.

A partir da segunda equação do sistema (2.18), podemos determinar o tempo de movimento das sementes ao longo do tabuleiro:

$$t = \sqrt{\frac{2x}{m_c g(sin\beta - f cos\beta)}} \qquad (2.19)$$

Substituindo (2.19) na primeira equação do sistema (2.18), obtém-se uma expressão para determinar a velocidade da semente na extremidade da bandeja inclinada do semeador de algodão:

$$\dot{x} = \sqrt{2xg(sin\beta - f cos\beta)} \qquad (2.20)$$

002A solução numérica de (2.20) é efectuada com os seguintes valores iniciais dos parâmetros: x = (0,40÷0,52) m; β=30 ÷55 ; g=9,81 m/s , *f=0*,2÷0,4.

A figura 2.5 a mostra as dependências gráficas da mudança da velocidade das sementes na extremidade do tabuleiro inclinado do preparador de sementes em função da mudança do ângulo de inclinação do tabuleiro e da variação do coeficiente de atrito entre as sementes e a superfície do tabuleiro. Da análise dos gráficos conclui-se que, com o aumento do ângulo de inclinação do tabuleiro, a velocidade linear da semente no final do tabuleiro descarregado aumenta de acordo com um padrão não linear. $^{00}_{c}$Assim, quando o ângulo β aumenta de 30 para 55, a *f=0*,4 a velocidade das sementes aumenta de 1,21 m/s para 2,33 m/s, e a *f=0*,2 a velocidade V aumenta de 1,74 m/s para 2,55 m/s. Por conseguinte, para aumentar o fornecimento de sementes à zona de suspensão, é necessário aumentar o ângulo de inclinação do tabuleiro ou diminuir o coeficiente de atrito entre as sementes e a superfície do tabuleiro. ^{00}Os valores recomendados para os parâmetros são β=40 ÷45 , *f=0*,30, para os quais a produtividade do semeador é de (4,0÷4,5) toneladas.

A Fig. 2.5 b mostra as dependências gráficas da variação da velocidade das sementes na zona de descarga em função do aumento da coordenada x para diferentes valores de f. Os gráficos mostram que, com o aumento da coordenada x de 0,40 m para 0,52 m a *f=0*,4, a velocidade das sementes no final do tabuleiro atinge 2,33 m/s e a f=0,2 a velocidade aumenta para 2,55 m/s. Para garantir a produtividade da preparação das sementes de algodão dentro de (4,0÷4,5) toneladas, recomenda-se que o valor da coordenada x seja inferior a (0,48÷0,52) m a uma velocidade do tambor da engrenagem de 60 rpm.

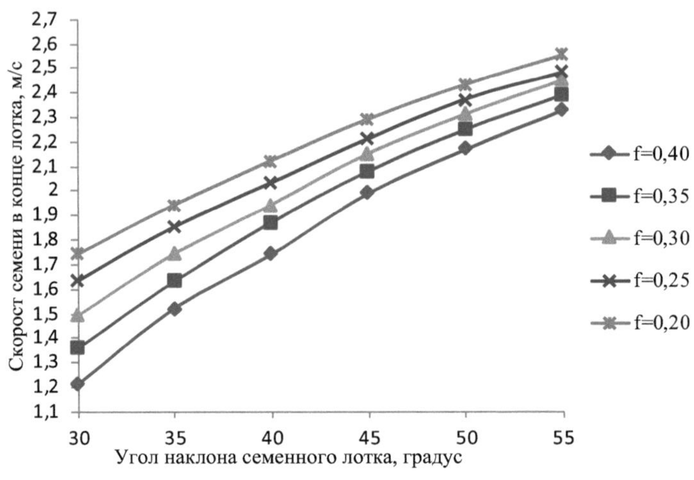

a)

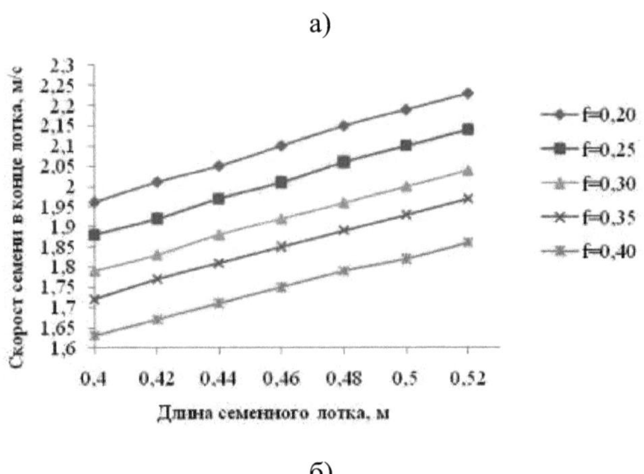

б)

Fig. 2.5. Gráfico da variação da velocidade das sementes na extremidade do tabuleiro em função da variação do ângulo de inclinação do tabuleiro (a) e do valor do deslocamento das sementes.

2.4 Análise das vibrações do tabuleiro de penso

Na zona considerada, até 8333 unidades de sementes passam simultaneamente pelo tabuleiro oscilante. Tendo em conta que a massa das sementes caídas é de (0,124÷0,132) gr. Ao mesmo tempo, no tabuleiro oscilante, haverá sementes com uma massa total de (1,0÷1,08) kg de sementes, dependendo da sua pubescência.

A fim de compilar o modelo matemático do sistema oscilante, é apresentado um esquema de cálculo na Fig. 2.6.

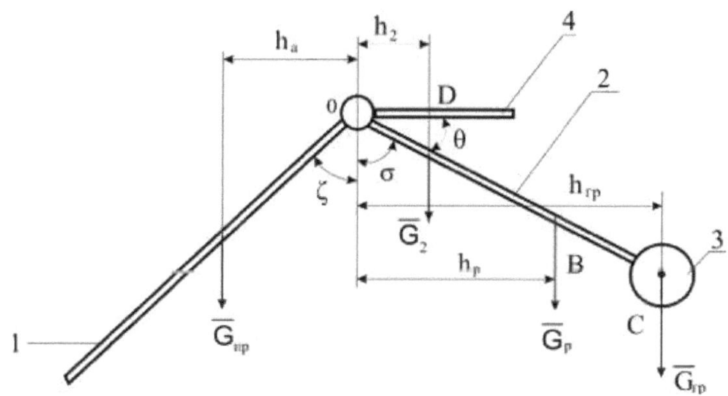

Fig. 2.6. Esquema de cálculo

1- tabuleiro; 2- alavanca de carga; 3- carga (contrapeso); 4- alavanca da balança

Se a massa do tabuleiro for de 1,3 kg, então o momento criado pelas forças do peso das sementes no tabuleiro, tendo em conta a força do peso do tabuleiro, será:

$$M_1 = M_л + (M_c \pm \delta M_c) \quad (2.21)$$

Onde, $M_л = \frac{1}{2} m_л g l_л sin\zeta$; $M_c = \frac{1}{2} n m_c g l_л sin\zeta$

$$\delta M_c = (0{,}10 \div 0{,}15) M_c sin\omega t$$

Neste caso, reescrevemos (2.21) da seguinte forma:

$$M_1 = \frac{1}{2} g l_л sin\zeta_л (m_л + n m_c) + (0{,}05 \div 0{,}075) n m_c g l_л sin\zeta_л sin\omega t \quad (2.22)$$

em que, $l_л$ –comprimento do tabuleiro; ζ –ângulo de rotação do tabuleiro; m_c –massa de sementes; n –número de sementes presentes simultaneamente no tabuleiro; $m_л$ –massa do tabuleiro; g – aceleração da queda livre; γ –frequência de variação do número de sementes simultaneamente no tabuleiro oscilante.

O momento em relação à dobradiça criado pelo contrapeso com o peso de ajuste de acordo com o diagrama será:

$$M_2 = M_p + M_{гр} \quad (2.23)$$

где, $M_p = \frac{g}{2} l_p m_p \sin(\sigma + \zeta)$; $M_{гр} = \frac{g}{2} m_{гр} l_{гр} \sin(\sigma + \zeta)$

Dito isto: $$M_2 = \frac{g}{2}\left(l_p m_p + l_{гр} m_{гр}\right) \sin(\sigma + \zeta) \quad (2.24)$$

em que, l_p-é o comprimento do braço de contrapeso; m_p-massa do braço de contrapeso; $m_{гр}$-massa da carga; $l_{гр}$-comprimento do braço da alavanca de localização da carga; σ-ângulo de inclinação da alavanca do contrapeso.

O binário gerado pela alavanca ligada à válvula de guilhotina da válvula de revestimento:

$$M_3 = \frac{g}{2} l_2 m_2 \sin(\sigma + \theta + \zeta) - \mathrm{M_k} \quad (2.25)$$

l_2-Comprimento do braço, entre parêntesis; m_2-Peso do braço com suportes; -ângulo de inclinação da alavanca com suportes; $\mathrm{M_k}$-resistência ao pino da alavanca do lado da comporta da válvula.

Em cada instante de tempo, o tabuleiro, o contrapeso, o braço de alavanca com o carro em relação ao eixo da instalação estão, portanto, em equilíbrio [101]:

$$\sum_{i=1}^{n} M = M_1 - M_2 - M_3 - M_u = 0$$

(2.26)

Tendo em conta o reduzido momento de inércia do braço de três alavancas, os cálculos foram efectuados de acordo com a metodologia apresentada em [102], J_{np} =[2]0,634 kg·m . De seguida, tendo em conta o momento de inércia da alavanca de três alavancas, utilizando a equação de Lagrange do tipo II, obtemos a seguinte equação diferencial que descreve as oscilações da alavanca:

$$J_n\ddot{\zeta}_л = \frac{1}{2} g l_л sin\zeta_л (m_л + nm_c) + (0{,}05 \div 0{,}075) nm_c g l_л sin\zeta_л sin\omega t - \frac{g}{2}(l_p m_p + l_p m_{гp}) \sin(\sigma + \zeta) - \frac{1}{2} l_2 m_2 \sin(\sigma + \theta + \zeta_n) - \mathrm{M_K} \qquad (2.27)$$

Note-se que a alavanca de três planos do semeador oscila com uma pequena amplitude, tomamos $sin\zeta = \zeta$, então (2.27) é reescrita na forma

$$\mathrm{J_n}\ddot{\zeta}_л = \frac{1}{2} \mathrm{g l_л} \zeta_л (\mathrm{m_л} + \mathrm{nm_c}) + (0{,}05 \div 0{,}075) \mathrm{nm_c g l_л} \zeta \mathrm{sin}\omega \mathrm{t} - \frac{\mathrm{g}}{2}(\mathrm{l_p m_p} + \mathrm{l_p m_{гp}})(\sin\sigma + \zeta\cos\sigma) - \frac{1}{2} \mathrm{l_2 m_2} [\sin(\sigma + \theta) + \zeta\cos(\sigma + \theta)] - \mathrm{M_K} \qquad (2.28)$$

A solução numérica de (2.28) foi efectuada num PC com os seguintes valores de parâmetros:

$J_{np} = 0{,}634\ кг \cdot м^2$, $g = 9{,}81\ ^{м}/_{c^2}$, $l_л = 0{,}3\ м$; $m_л = 1{,}3\ кг$; $m_p = 0{,}12\ кг$; $m_{гp} = 1{,}1\ кг$; $m_k = 0{,}014\ кг$; $l_p = 0{,}21\ м$; $l_2 = 0{,}048\ м$; $\sigma = 30^0 \div 45^0$; $\theta = 20^0 \div 25^0$; $M_K = 0{,}42\ Нм$; $n = 8333$ *шт*; m_c[-3]*=(0,124÷0,132)·10 kg.*

A análise da equação obtida (2.28) mostra que a alavanca de três braços do semeador faz efetivamente oscilações paramétricas durante o funcionamento. Neste caso, a força perturbadora das sementes alimentadas depende do valor da mudança do nó de oscilação do tabuleiro com sementes. Com base na solução numérica do problema, foram obtidas as regularidades de oscilação do tabuleiro de recolha de sementes de algodão. A Fig. 2.7 mostra as regularidades das oscilações do tabuleiro para diferentes valores dos parâmetros do sistema. A Fig. 2.7 (a), (b), (c) mostra que a amplitude e a frequência das oscilações do tabuleiro diminuem com o aumento da massa da carga na alavanca. Assim, em $m_{rp} = 1{,}3$ кг, $\sum m_c = 1{,}08$ кг^{0}a amplitude de oscilações do tabuleiro atinge 3,1 e, consequentemente, o período de oscilações diminui para 0,71 s.

É importante a influência da mudança da taxa de produção do agente de tratamento na oscilação da bandeja (ver Fig. 2.7 d, e). A Fig. 2.8 mostra as dependências gráficas da mudança da amplitude de oscilação da bandeja em relação ao peso total das sementes na bandeja de curativos. A análise das dependências gráficas obtidas mostra que, com a maturação $\sum m_c$ a amplitude de oscilação do tabuleiro aumenta de acordo com uma regularidade não linear. ^{00}Assim, com o aumento da massa total de sementes de 0,4 kg para 2,4 kg, a amplitude das oscilações do tabuleiro aumenta de 1,21 para 3,09 com uma massa de carga de 1,5 kg. $^{0\,0}$Quando o peso da carga é reduzido para 1,0 kg, a amplitude de oscilação do tabuleiro de recolha de sementes aumenta de 1,29 para 5,84 . Ao mesmo tempo, deve notar-se que a oscilação do tabuleiro com uma amplitude maior pode levar a uma diminuição da fiabilidade do funcionamento, bem como à queda das sementes do tabuleiro.

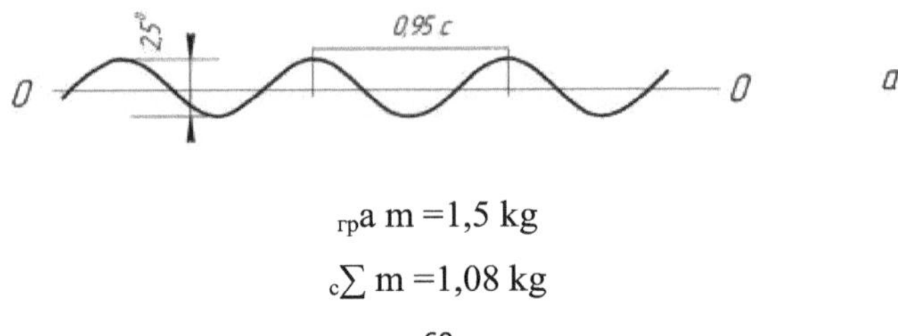

$_{rp}$a m =1,5 kg

$_c\sum$ m =1,08 kg

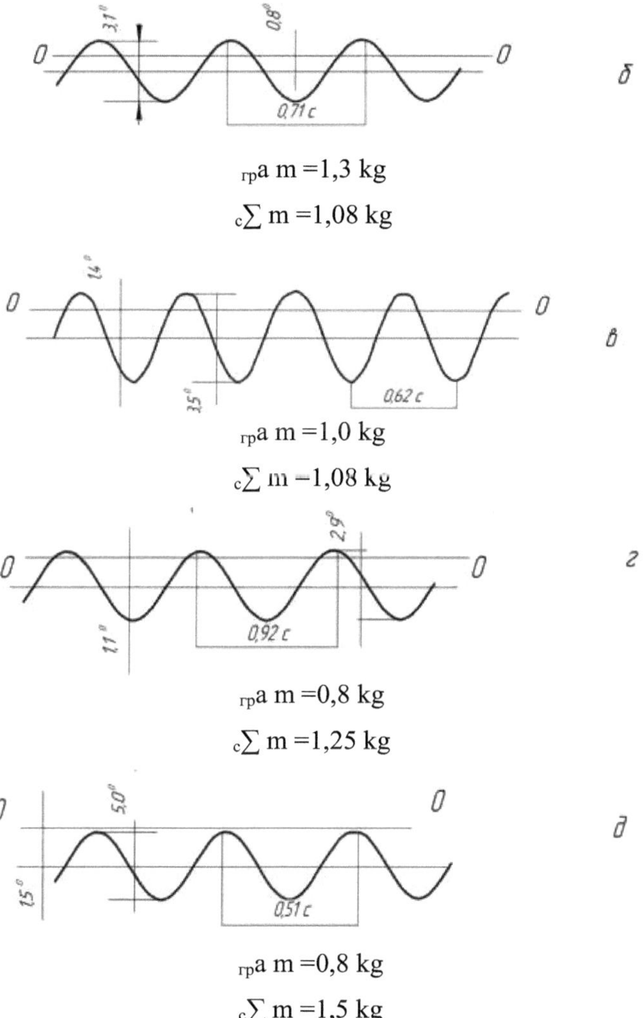

Fig. 2.7. Padrões de vibração da calha de recolha de sementes de algodão

^{0}As oscilações do tabuleiro com uma amplitude inferior a 2,0 não permitem um movimento efetivo das sementes no tabuleiro. Por conseguinte, os valores recomendados são $m_{гр} = (1{,}0 \div 1{,}3)$ кг; $\sum m_c = (1{,}1 \div 1{,}5)$ кг a $n_p = (4{,}0 \div 4{,}5)$ т/ч.

A Fig. 2.9 mostra as regularidades gráficas da alteração da amplitude de oscilação do tabuleiro de recolha de sementes a partir da alteração do ângulo da alavanca com a carga, variando os valores do peso da carga. A partir da análise dos gráficos traçados, verifica-se que o aumento do ângulo σ conduz a um aumento de $\Delta\zeta$ por regularidade não linear. Assim, para a massa da carga de 1,6 kg, o aumento do ângulo σ^{0000}d e 25 para 50 leva a um aumento da amplitude das oscilações do tabuleiro com sementes de 0,51 para 2,03 , e com uma diminuição da massa da carga $\Delta\zeta^{0}$v aria de 1,23 a 5,67 . Isto explica-se pelo facto de o aumento do ângulo σ leva a um aumento da alavanca da carga em relação à dobradiça do tabuleiro. Isto também aumenta a influência da componente uniforme da força de perturbação. [00]Os valores recomendados do ângulo do braço de alavanca com a carga em relação ao tabuleiro de sementes são (75 ÷80).

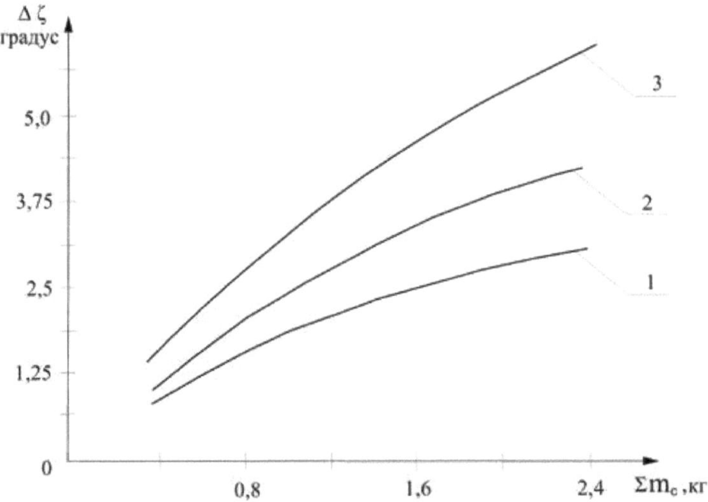

Fig. 2.8. Dependência da variação da amplitude de oscilação angular do tabuleiro de recolha em função da variação do peso das sementes no tabuleiro

грегрегр1- a m =1,5 kg; 2- a m =1,3 kg; 3- a m =1,0 kg.

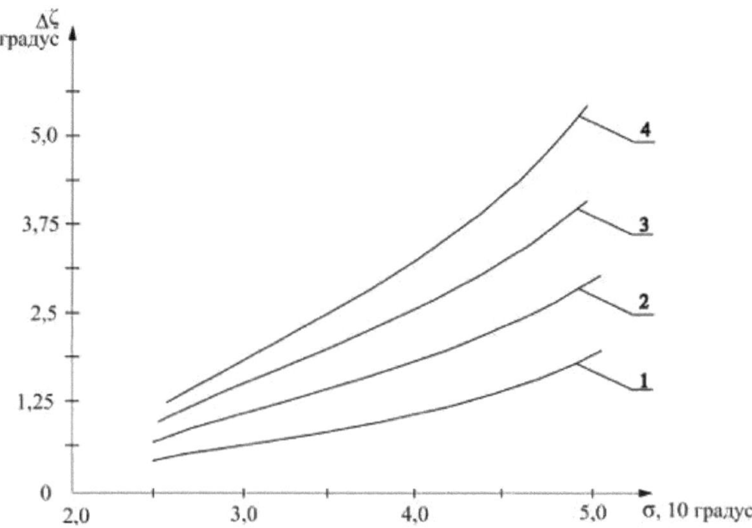

Fig. 2.9. Dependências gráficas da alteração da amplitude de oscilação do tabuleiro de recolha de sementes em função da alteração do ângulo da alavanca com a carga

rprprprp 1-em m =1,6 kg; 2-em m =1,3 kg; 3-em m =1,0 kg; 4-em m =0,7 kg.

2.5 Conclusões

1. Obtém-se a fórmula para calcular a distância da saliência dos dentes do tambor em relação à grelha. $^{-3}$Para garantir a produtividade da sementeira dentro de (4,0÷4,5) toneladas, recomenda-se o valor da saliência dos dentes da grelha dentro de (7,0÷10,0)-10 m.

2. Obtêm-se as equações do movimento da semente ao cair sobre a guia inclinada. As fórmulas para determinar a trajetória do movimento das sementes são obtidas por método analítico. Obtêm-se as fórmulas para determinar o tempo de movimento das sementes.

3. São construídas as regularidades das alterações da trajetória das sementes de algodão na zona entre o tambor dentado e a guia inclinada,

em função das alterações da velocidade de rotação do tambor dentado e do ângulo de ejeção das sementes na zona inicial.

4. Verifica-se que o aumento da coordenada da trajetória das sementes ao longo do eixo x conduz a um aumento dos valores do movimento das sementes ao longo do tabuleiro, o que é indesejável. O aumento da coordenada no eixo vertical do movimento das sementes pode levar a uma acumulação significativa de sementes na zona de entrada do sistema de dosagem. $^{-1}$Considera-se mais aceitável a velocidade angular do tambor dentado (6,0÷6,35) com , com a qual se consegue uma distribuição mais uniforme das sementes no tabuleiro inclinado da instalação.

5. Verifica-se que o ângulo de ejeção das sementes na zona inicial conduz a um aumento da componente horizontal do vetor de velocidade inicial das sementes. Recomenda-se $\alpha = 20^0 \div 30^0$.

6. Obtêm-se as equações que descrevem o movimento das sementes no tabuleiro inclinado do preparador. Obtém-se a fórmula que permite determinar o tempo de deslocação das sementes ao longo do tabuleiro inclinado do preparador.

7. São traçadas as dependências gráficas da variação da velocidade das sementes no tabuleiro em função da variação do ângulo de inclinação e do valor da deslocação das sementes. Para aumentar a alimentação das sementes na zona de suspensão, é necessário aumentar o ângulo de inclinação do tabuleiro ou diminuir o coeficiente de atrito entre as sementes e a superfície do tabuleiro. ^{00}Os valores recomendados dos parâmetros são: β=40 ÷45 , *f=0*,30, para os quais a produtividade da máquina de tratamento de sementes é de (4,0÷4,5) toneladas.

8. Para garantir uma produtividade de tratamento do algodão em caroço de (4,0÷4,5) toneladas, os valores de coordenadas recomendados

são x≤(0,48÷0,52) m à velocidade de rotação do tambor dentado de 60 rpm.

9. É obtido um modelo matemático que descreve pequenas oscilações do tabuleiro de sementes com sementes do semeador. Através da solução numérica do problema, obtêm-se as regularidades das alterações das oscilações do tabuleiro de recolha de sementes. Revela-se que a amplitude e a frequência das oscilações do tabuleiro diminuem com o aumento da massa do peso na alavanca. Em $m_{гр} = 1{,}3\ кг, \sum m_c = 1{,}08\ кг^{0}$a amplitude das oscilações do tabuleiro atinge 3,1 e, consequentemente, as oscilações diminuem para 0,71 s.

10. São construídas as dependências gráficas da variação da amplitude de oscilação do tabuleiro a partir da massa total de sementes das sementes no tabuleiro de recolha. A análise das dependências gráficas obtidas mostra que, com o aumento da $\sum m_c$ a amplitude de oscilação do tabuleiro aumenta de acordo com a regularidade não linear. ^{00}Quando se aumenta a massa total de sementes de 0,4 kg para 2,4 kg, a amplitude de oscilações do tabuleiro aumenta de 1,21 para 3,09 a uma massa de 1,5 kg. Os valores recomendados são $m_{гр} = (1{,}0 \div 1{,}3)кг$; $\sum m_c = (1{,}1 \div 1{,}5)$ кг a $n_p = (4{,}0 \div 4{,}5)т/ч$.

11. São construídas as regularidades gráficas da alteração da amplitude de oscilação do tabuleiro de recolha de sementes a partir da alteração do ângulo da alavanca com a carga em função da variação dos valores do peso da carga. Para o peso da carga de 1,6 kg, o aumento do ângulo σ^{0000}d e 25 para 50 leva a um aumento da amplitude de oscilação do tabuleiro com sementes de 0,51 para 2,03, e com a diminuição da massa da carga $\Delta\zeta^{0}$v aria de 1,23 a 5,67 . ^{00}Os valores recomendados do ângulo da alavanca com a carga em relação ao tabuleiro de sementes são (75 ÷80).

III. METODOLOGIA E RESULTADOS DA INVESTIGAÇÃO EXPERIMENTAL

3.1 Programa geral de investigação experimental

O programa global de investigação experimental envolveu a realização de:

1) experiências laboratoriais sobre:

(a) Determinação da capacidade de produção da pipeta em função dos seus parâmetros principais;

b) investigação do estabilizador de polpa que fornece a quantidade necessária de fluido de trabalho ao bocal, independentemente da altura hidráulica do tanque de fluxo de polpa;

c) investigação do caudal da suspensão em função do ângulo de inclinação do tabuleiro de sementes descascadas;

d) investigação do caudal de suspensão em função do valor da distância entre o eixo do tabuleiro oscilante e o local de fixação da válvula de suspensão automática na superfície horizontal.

2) experiências de laboratório e de produção:

(a) Determinação da capacidade de tratamento de sementes do preparador de sementes;

b) investigação da integralidade da preparação das sementes;

c) Estudo da uniformidade de tratamento das sementes.

Todos os estudos laboratoriais, de laboratório e de produção foram realizados com sementes preparadas para sementeira (calibradas e limpas de poeiras) de sementeira pubescente de algodão reprodutor da variedade C-6524, reprodução R2, pubescência residual 7,8%, humidade 8,6%, danos mecânicos 3,8% e solução de trabalho de suspensão "P-4" preparada de acordo com as recomendações sobre o tratamento de sementes de algodão [3].

3.2 Metodologia das experiências de laboratório

3.2.1 Metodologia para a determinação da capacidade de produção do distribuidor de sementes parado

O rendimento da preparação depende da capacidade de produção do doseador de sementes abatidas.

O objetivo das experiências laboratoriais e de produção é determinar a capacidade de produção do doseador de sementes de downy. Para a realização das experiências de determinação da capacidade de produção do doseador, foi construído um suporte de laboratório do doseador de sementes de downy (figura 3.1). A capacidade de produção do distribuidor de sementes foi determinada em função dos seguintes factores

-valor da saída dos dentes do cilindro dentado 1 do pente h (Fig.3.1) de 7 a 16 mm, intervalo de variação 3mm;

- distância entre os dentes do cilindro dentado 1 e a parede ajustável 3- S de 10 a 30 mm, intervalo de variação 5 mm;

- A velocidade de rotação do cilindro da engrenagem, n, é considerada como sendo de 60 rpm.

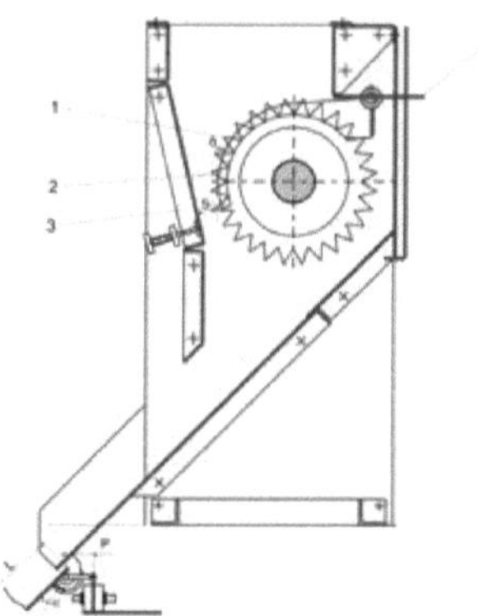

Fig.3.1 Diagrama esquemático do doseador de sementes de cana-de-açúcar

1-Cilindro dentado; 2-Varga; 3- Parede regulável; 4- Haste de tração para regulação.

As experiências foram efectuadas de acordo com a seguinte sequência. Enche-se a tremonha até meio com sementes, liga-se o motor-redutor do doseador, regula-se a velocidade do cilindro redutor para 60 rpm, fixam-se os valores necessários dos factores acima referidos, no modo de funcionamento estável, durante 1 minuto, num saco recolhem-se as sementes que passam pelo doseador. As sementes são pesadas na balança HD 4050-300 com uma margem de erro de ±0,1 kg. De seguida, calcula-se a capacidade da tremonha de acordo com a seguinte fórmula:

$$Q_6 = 60q' \qquad (3.1)$$

Em que Q_6 - é a capacidade de produção da unidade de dosagem, kg/h;

q' - quantidade de sementes vertida pelo doseador durante o período da experiência, kg.

Por esta ordem, as experiências são repetidas em triplicado e o valor médio da capacidade de débito do doseador é calculado para a variante selecionada da experiência.

Em seguida, a tremonha é novamente enchida até meio e as experiências são repetidas nesta sequência para as seguintes variantes do funcionamento do doseador.

Esta técnica pode ser utilizada para determinar a capacidade de produção de unidades de medição de qualquer forma geométrica, com qualquer desenho e com sementes de diferentes selecções de sementes de algodão.

3.2.2 Metodologia para medir o desempenho do estabilizador de lamas

Sabe-se que, de acordo com a lei da hidráulica dos líquidos, quando um líquido se encontra, por exemplo, num recipiente cilíndrico, a pressão hidrostática nas paredes na direção horizontal não se altera e permanece constante. No entanto, a pressão hidrostática para o fundo do recipiente, a pressão na direção vertical muda, o valor desta pressão depende da quantidade de líquido neste recipiente.

A pressão hidrostática depende da altura do líquido h, da magnitude da aceleração da queda livre g, da área do fundo do recipiente s e da densidade específica do líquido ρ:

$$P = \frac{F}{S} = \frac{\rho g S h}{S} = \rho g h \tag{3.2}$$

De acordo com esta fórmula, quanto maior for a altura do líquido, maior será a pressão hidrostática no fundo do tanque. O fluxo da suspensão do agente de limpeza é efectuado por um tubo elástico com a ajuda de uma válvula, que é normalmente instalada mais perto do fundo do tanque. A quantidade necessária de suspensão de agente de revestimento é ajustada com esta válvula. Se o operador tiver ajustado a válvula com o mesmo volume de lama no tanque, então, com o tempo (à medida que a quantidade de lama no tanque diminui ou à medida que a pressão hidrostática da lama de trabalho para o fundo do tanque diminui), a quantidade de lama fornecida através da válvula diminuirá. Se o operador tiver ajustado a válvula com menos lama no depósito, ocorre o fenómeno oposto.

Para estabilizar a pressão hidrostática no fundo do tanque, o autor desenvolveu um esquema e fabricou uma amostra experimental do condicionador (Fig.3.2) com um estabilizador de pressão hidrostática no fundo do tanque de fluxo de acordo com o esquema mostrado na Fig. 3.3.

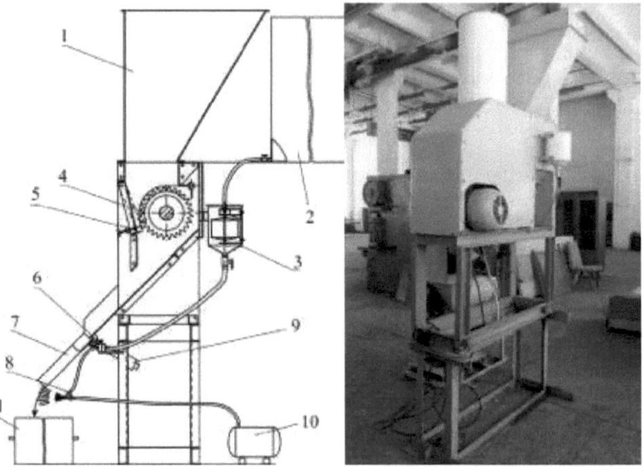

Fig. 3.2 Diagrama esquemático e vista geral da instalação experimental de tratamento com um estabilizador de pressão hidrostática do líquido 1-tremonha; 2-tanque para o chorume; 3-tanque de pressão; 4-distribuidor de sementes; 5-abas; 6-guindaste; 7- tabuleiro oscilante; 8- bocal; 9-contrapeso; 10-compressor; 11-tambor de mistura de sementes.

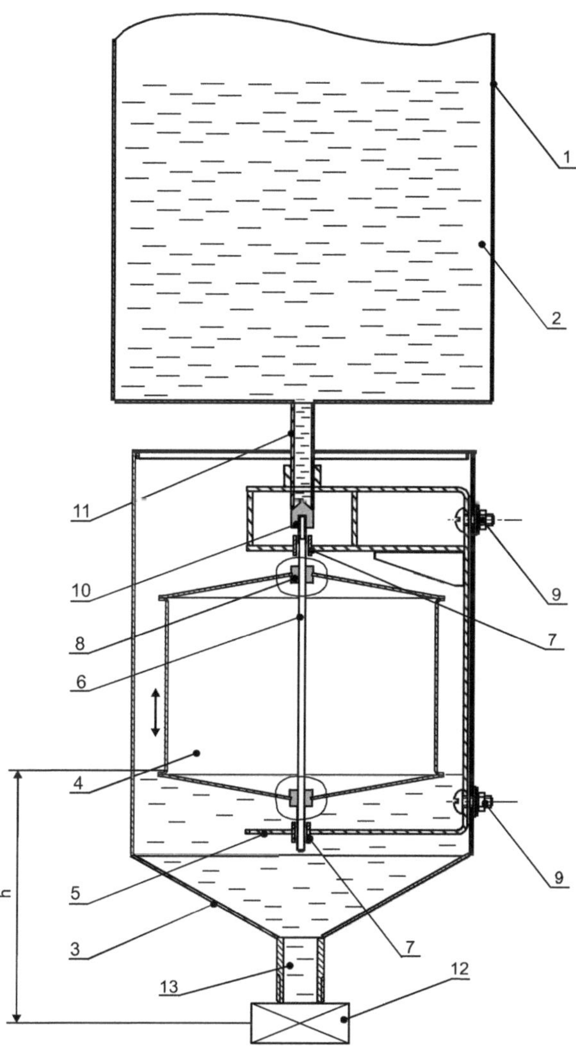

Fig. 3.3. Diagrama esquemático do estabilizador de pressão hidrostática juntamente com o tanque da suspensão do agente de revestimento

O estabilizador de pressão hidrostática 3 (Fig. 3.3) é instalado a jusante do reservatório 1, no interior do qual o flutuador 4 é instalado no suporte 5 no eixo vertical 6 com a ajuda da junta 8 e do parafuso 9. A posição do flutuador 4 no eixo 6 é ajustada verticalmente com a ajuda da junta 8 e do parafuso 9. Na extremidade superior do eixo 6, está instalada uma válvula automática 10 que abre ou fecha os orifícios do tubo 11 que comunica com o reservatório de escoamento 1. A partir do estabilizador, a suspensão de trabalho do agente de revestimento flui para a unidade de medição 12 (condicionalmente) através do tubo 13 instalado na parte inferior do estabilizador de pressão hidrostática.

O estabilizador de pressão hidrostática funciona da seguinte forma:

A partir do tanque de fluxo 1, a suspensão do agente de cura 2 flui através do tubo 11 para o estabilizador de pressão hidrostática 3. À medida que a lama de trabalho se acumula, o flutuador 4, juntamente com o eixo vertical 6, sobe para o topo. A válvula automática 10, situada no eixo 6, também sobe e fecha a abertura do tubo 11. Se o herbicida não funcionar (sem fluxo de lama através do tubo 13), a posição do flutuador 4 não se altera e o orifício no tubo 11 será fechado pela válvula automática 10. Quando o agente de tratamento está a funcionar, a válvula de lama 6 será aberta (Fig. 3.2) e a lama de trabalho fluirá do estabilizador 3. Ao mesmo tempo, a válvula automática 10, juntamente com o flutuador 4, desce e abre uma abertura na tubagem 11. A lama de trabalho começa a fluir do contentor de fluxo 1 para o estabilizador 3. À medida que a lama de trabalho se acumula, o flutuador 4 sobe, por exemplo até uma altura h, e a válvula automática 10 fecha o fluxo de lama de trabalho do contentor 1. Assim, no interior do estabilizador, a altura da lama está sempre no mesmo nível (altura), portanto, a influência da pressão hidrostática da lama de trabalho do agente de revestimento sobre a taxa de fluxo da válvula 6 instalada após o estabilizador é impedida (Fig.3.2).

Para verificar o funcionamento do estabilizador de pressão hidráulica, foram efectuadas experiências de acordo com a seguinte metodologia. Para determinar a capacidade de fluxo da suspensão de trabalho do agente de revestimento, foi selecionado um tanque cilíndrico com uma capacidade de 500 litros, sendo o diâmetro interior do tubo de saída da suspensão de 15 mm (Fig. 3.4.).

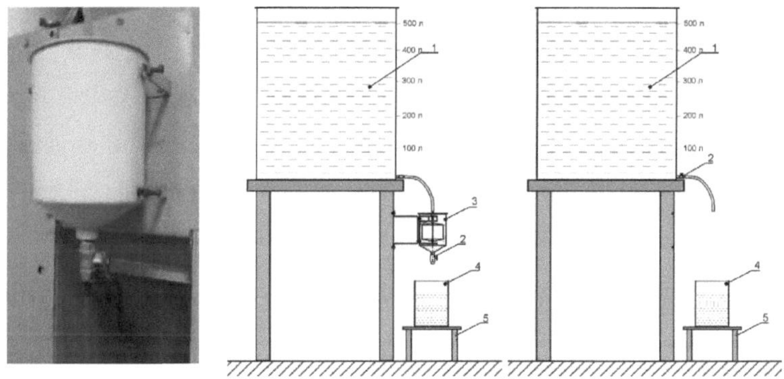

1- reservatório de 500 l; 2- válvula; 3- estabilizador de pressão hidrostática; 4- reservatório de medição; 5- suporte metálico.

Fig.3.4 Diagrama esquemático do método de determinação do funcionamento do estabilizador de pressão hidrostática.

As experiências foram efectuadas em duas variantes: a primeira variante sem instalação de estabilizador de pressão hidrostática e a segunda variante com instalação de estabilizador de pressão hidrostática após o reservatório de escoamento.

Na primeira variante, após o tanque de fluxo no tubo para a saída do chorume, é instalada uma válvula e o caudal necessário do chorume foi fixado na quantidade de chorume no tanque de fluxo igual a 100 litros. Durante 10 segundos, no modo estabelecido, a suspensão que flui através da válvula foi recolhida num copo de medição e determinado o caudal real da suspensão. A repetição de cada variante da experiência foi feita três vezes. Em seguida, as mesmas experiências foram repetidas com as quantidades de suspensão na capacidade de fluxo de 150, 200, 250, 300, 350, 400, 450, 500 litros.

Na segunda variante, foi instalado um estabilizador de pressão hidrostática num tubo com um diâmetro interior de 13 mm a jusante do reservatório de escoamento. Após o estabilizador, foi instalada uma válvula para o fluxo de lama e o caudal de lama necessário foi regulado para a quantidade de lama no reservatório de fluxo igual a 100 litros. Durante 10 segundos no modo definido, a suspensão que flui através da válvula foi recolhida num copo de medição e o caudal real da suspensão foi determinado. Em seguida, repetiram-se as mesmas experiências que na primeira variante com as quantidades de suspensão no reservatório de fluxo de 150, 200, 250, 300, 350, 400, 450, 500 litros.

3.2.3 Metodologia para a determinação do caudal de suspensão em função do ângulo de inclinação do tabuleiro oscilante de sementes caídas e em função da distância do eixo do tabuleiro oscilante ao local de fixação da válvula de suspensão automática na superfície horizontal.

Sabe-se que, de acordo com as recomendações [3], por exemplo, ao tratar as sementes de downy com a preparação P-4, o consumo de suspensão para 1 tonelada de sementes deve ser de 25-30 litros. Nas experiências, foi utilizada exatamente esta preparação e o consumo médio foi de 27,5 litros. Os parâmetros do tabuleiro de agitação foram escolhidos experimentalmente - comprimento 300 mm, largura 260 mm e altura da parede lateral 50 mm.

Durante a descida das sementes, o balancim muda de ângulo em função da capacidade do doseador de sementes, ou seja, da massa de sementes que se encontra simultaneamente na superfície do balancim.

A ripa oscilante 1 está interligada com a válvula de suspensão automática 2 instalada a uma distância ajustável na superfície horizontal (Fig.3.5).

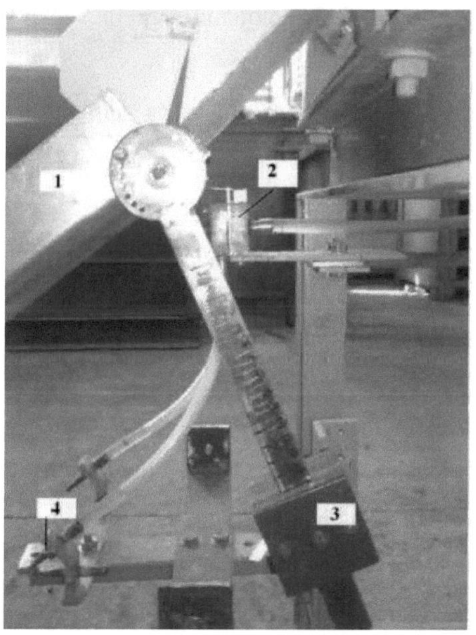

1- tabuleiro de sementes; 2-válvula automática; 3- contrapeso; 4- bico

Fig.3.5 Vista geral do controlo automático do caudal de polpa

O contrapeso 3 (Fig. 3.5) serve para repor a frequência de oscilação do tabuleiro oscilante 1 e para mudar suavemente o seu ângulo em relação à massa de sementes que se encontra simultaneamente na superfície do tabuleiro.

Durante as experiências, foram verificados os seguintes valores entre o eixo do tabuleiro oscilante e a torneira automática da suspensão da compressa na superfície horizontal: L=28 mm; 32 mm; 36 mm; 40 mm; 44 mm; 48 mm; 52 mm;

A capacidade de dosagem das sementes foi medida entre 2500-4000 kg/hora com um intervalo de 500 kg/hora.

Estado inicial da válvula automática independentemente do valor da distância L na posição fechada quando não há sementes na superfície do tabuleiro oscilante.

Para as experiências foram utilizadas sementes da variedade de seleção C-6524 com uma pubescência de 8,5 %. A repetição de cada variante das experiências é tripla.

3.3.2 Metodologia de investigação sobre a integralidade do penso e uniformidade da distribuição do fluido de trabalho

Os indicadores mais importantes que caracterizam a qualidade do trabalho da máquina de tratamento são a integridade do tratamento e a uniformidade da distribuição do líquido de trabalho sobre a massa de sementes e sobre a superfície de cada semente individual.

Cinco sacos de 50 kg de sementes de algodão preparadas para sementeira foram preparados para a realização de experiências de investigação sobre a exaustividade da preparação. A suspensão de trabalho preparada de acordo com as instruções foi vertida no tanque do agente de tratamento. De cada lote de sementes preparadas para o tratamento, são retiradas 10 porções de sementes de diferentes locais para caixas de tamanho aproximadamente igual e o seu peso é determinado.

As experiências são efectuadas no modo de trabalho de tratamento com uma capacidade de 4 t/h na seguinte sequência. Deitam-se 50 kg de sementes na tremonha e liga-se o aparelho de tratamento. O caudal da lama de trabalho é regulado para um caudal de 27,5 litros/t. O doseador de sementes em pó é regulado para uma capacidade de 4 toneladas por hora e as experiências são efectuadas cronometrando o tempo até que a tremonha esteja vazia.

Em seguida, são retiradas 10 porções de sementes dos lotes de sementes tratadas de diferentes locais para um copo de medição com aproximadamente o mesmo tamanho e o seu peso é determinado. Em seguida, calcula-se a média aritmética de cada lote de sementes antes e depois do tratamento. A diferença entre as massas das sementes tratadas ($m_{\text{пп}}$) e não tratadas ($m_{\text{нп}}$) é considerada como o consumo efetivo de ($q_{\text{эк}}$) da suspensão de trabalho. Este consumo é recalculado por 1 tonelada de sementes de acordo com a fórmula:

$$Q_{\text{эк}} = 1000 \frac{q_{\text{эк}}}{m_{\text{нп}}} \quad (3.3)$$

em que $q_{\text{эк}}$- é o caudal real do fluido de trabalho na parte ensaiada das sementes, g;

$m_{нп}$ - peso da semente antes da preparação da porção de sementes ensaiada, g.

Nos cálculos assumimos que a densidade da lama de trabalho é igual à densidade da água, respetivamente 1 litro de lama de trabalho é igual em massa a 1 kg.

Em seguida, calcula-se a exaustividade do penso de acordo com a fórmula

A exaustividade do revestimento é determinada por :

$$П = \frac{Q_{\text{эк}}}{H} \times 100\% \quad (3.4)$$

em que $Q_{\text{эк}}$ - peso efetivo da preparação sobre as sementes, kg/t;

H - taxa máxima de consumo recomendada, kg/t.

$_v$É considerado satisfatório se o coeficiente de variação C não exceder 30%.

Na mesma sequência, as experiências são efectuadas a taxas de consumo de lama de trabalho de 25, 27,5 e 30 l/t e produtividade de 4 t/h.

Paralelamente à determinação do grau de acabamento da preparação, foi determinada a uniformidade de distribuição da suspensão ativa do agente de preparação sobre a massa de sementes e a superfície de cada semente.

Para determinar a uniformidade da distribuição da suspensão de trabalho em função do peso das sementes, foram utilizados os resultados da pesagem do peso das sementes depois de preparadas em cada porção.

A uniformidade da distribuição do medicamento nas sementes é estimada pela fórmula:

$$C = \frac{S'}{Q_{ж}} \times 100\% \quad (3.5)$$

em que S' - é o desvio médio quadrático;

$Q_{ж}$ - média aritmética das quantidades determinadas em cada lote (kg/t)

Para o efeito, procedeu-se ao tratamento estatístico dos dados. A média aritmética, o desvio quadrático médio em porções individuais e o coeficiente de variação foram determinados pela fórmula (3.8). Quanto menor for o coeficiente de variação, maior será a uniformidade de distribuição da suspensão de trabalho por massa de sementes.

3.4 Metodologia de tratamento dos resultados experimentais estudos

Os dados experimentais de estudos laboratoriais e de produção laboratorial foram processados por métodos conhecidos de estatística matemática [103].

Uma das tarefas do tratamento estatístico de dados experimentais é encontrar alguns valores que caracterizam a população estatística da amostra. As informações suficientes sobre a experiência podem ser obtidas através das seguintes caraterísticas: valor médio – $\bar{x}$ desvio padrão (desvio quadrático médio) - S; erro padrão (erro médio) - S; erro padrão (erro médio) - V; coeficiente de variação - V. $S_{\bar{x}}$; coeficiente de variação -V.

A caraterística mais utilizada é a média aritmética, que é o quociente da soma dos valores de todas as variantes dividida pelo seu número:

$$\bar{x} = \frac{x_1 + x_2 + x_3 + \cdots + x_n}{n} = \frac{\sum x}{n} \quad (3.6)$$

Uma das caraterísticas estatísticas mais importantes é o desvio quadrático médio, que caracteriza a dispersão dos valores das variantes em relação à média da distribuição, ou seja, a média aritmética:

$$S = \sqrt{\frac{\sum(x - \bar{x})^2}{n - 1}} \quad (3.7)$$

$x$em que é o valor das variantes individuais;

$\bar{x}$ - média aritmética;

n é o número de variantes.

O desvio padrão é um número designado e é expresso nas mesmas unidades que os dados de medição. Este facto dificulta a comparação de traços de diferentes dimensões para avaliar o grau da sua variação. O indicador relativo da variabilidade do material em estudo pode ser calculado sob a forma do coeficiente de variação:

$$V = \frac{S}{\bar{x}} \cdot 100\% \quad (3.8)$$

Os valores obtidos dos dados experimentais são apresentados sob a forma de gráficos traçados num computador com o ambiente operativo "MS Windows XP", utilizando o programa "Microsoft Excel 2007".

3.5 Resultados das experiências laboratoriais efectuadas

3.5.1 Determinação da capacidade do doseador de sementes

O objetivo das experiências de laboratório é determinar a capacidade de produção da tremonha de sementes. Como já foi referido, a capacidade de produção da tremonha de sementes deve ser superior à capacidade máxima da máquina de tratamento de sementes. De acordo com os resultados dos estudos teóricos, é necessário um débito máximo de 4 toneladas/hora para garantir o débito máximo. As experiências laboratoriais para determinar a capacidade de produção do doseador de sementes da tremonha foram efectuadas de acordo com o método descrito na subsecção 3.2.1.

Os objectivos das experiências experimentais são os seguintes

- sem interromper o dispensador;
- dosagem exacta das sementes lançadas;
- a alimentação uniforme das sementes caídas do dispositivo;
- melhorar a exatidão da correlação entre o doseador de sementes e a quantidade de chorume.

Testes preliminares mostraram que 3 factores influenciam o desempenho da pipeta:

- saliência da lâmina de serra do cilindro da serra em relação à grelha.
- distância "S" entre os dentes de serra do cilindro de serra e a parede de regulação;
- velocidade do cilindro da serra, n.

As experiências foram então efectuadas com os seguintes tipos de parâmetros:

- saliência da lâmina de serra do cilindro da serra em relação à grelha;
- distância "S" entre os dentes de serra do cilindro de serra e a parede de regulação;
- A velocidade de rotação do cilindro da serra n, 60 rpm, não foi alterada.

Nas experiências, utilizámos sementes de sementeira pubescentes (não tratadas) da variedade de reprodução C-6524, 2-reprodução, com danos mecânicos de 3,8%, pubescência de 7,8% e teor de humidade de 8,6% [104].

Os resultados das experiências são apresentados nos quadros 3.1-3.5 e na figura 3.6.

Tabela 3.1.

Influência da saliência dos dentes de serra do cilindro de serra em relação à grelha no desempenho do doseador de sementes à distância "S" dos dentes de serra do cilindro de serra à parede de regulação igual a S=10mm;

№	Saliência das serras do cilindro da grelha, mm	Capacidade, kg/hora Repetição de experiências			Valor médio do rendimento capacidade, kg/h	Quadra do médio deflexão, S	Coeficiente de variação, V
		1	2	3			
1	7	2300	2420	2380	2367	61,1	2,6
2	10	3376	3295	3370	3347	45,1	1,3
3	13	4310	4392	4320	4342	44,8	1,0
4	16	5284	5361	5333	5326	39,0	0,7

Tabela 3.2.

Influência da saliência dos dentes de serra do cilindro da grelha no desempenho do doseador de sementes à distância "S" dos dentes de serra do cilindro da grelha à parede de regulação igual a S=15 mm;

№	Saliência das serras do cilindro da grelha, mm	Capacidade, kg/hora			Valor médio do rendimento o capacidade, kg/h	Quadrado do médio deflexão, S	Coeficiente de variação, V
		Repetição de experiências					
		1	2	3			
1	7	3250	3360	3300	3272	67,1	2,0
2	10	4160	4190	4200	4184	20,8	0,5
3	13	4970	5010	5000	4994	20,8	0,4
4	16	5950	5890	5930	5924	30,6	0,5

Tabela 3.3.

Influência da saliência dos dentes de serra do cilindro da grelha no desempenho do doseador de sementes à distância "S" dos dentes de serra do cilindro da grelha à parede de regulação igual a S=20 mm;

№	Saliência das serras do cilindro da grelha, mm	Capacidade, kg/hora			Valor médio do rendimento o capacidade, kg/h	Quadrado do médio deflexão, S	Coeficiente de variação, V
		Repetição de experiências					
		1	2	3			
1	7	4210	4190	4195	4198	10,4	0,2
2	10	4950	4980	5050	4994	51,3	1,0

3	13	5670	5500	558 0	5584	85,0	1,5
4	16	6510	6530	649 0	6510	20,0	0,3

Tabela 3.4.

Influência da saliência dos dentes de serra do cilindro da grelha no desempenho do doseador de sementes à distância "S" dos dentes de serra do cilindro da grelha à parede de regulação igual a S=25 mm;

№	Saliência das serras do cilindro da grelha, mm	Capacidade, kg/hora			Valor médio do rendimento capacidade, kg/h	Quadrado médio deflexão, S	Coeficiente de variação, V
		Repetição de experiências					
		1	2	3			
1	7	5010	4995	506 0	5022	34,0	0,7
2	10	5650	5580	560 0	5610	36,0	0,6
3	13	6240	6190	620 0	6210	26,4	0,4
4	16	6800	6840	679 0	6810	26,4	0,4

Tabela 3.5.

Influência da saliência dos dentes de serra do cilindro da grelha no desempenho do doseador de sementes à distância "S" dos dentes de serra do cilindro da grelha à parede de regulação igual a S=30 mm;

№	Saliência das	Capacidade, kg/hora	Valor médio do		Coeficiente de

	serras do cilindro da grelha, mm	Repetição de experiências			rendimento capacidade, kg/h	Quadrado médio deflexão, S	variação, V
		1	2	3			
1	7	5560	5620	5600	5594	30,6	0,5
2	10	6050	5980	6000	6010	36,0	0,6
3	13	6570	6500	6490	6520	43,6	0,7
4	16	6980	7010	7100	7030	62,4	0,9

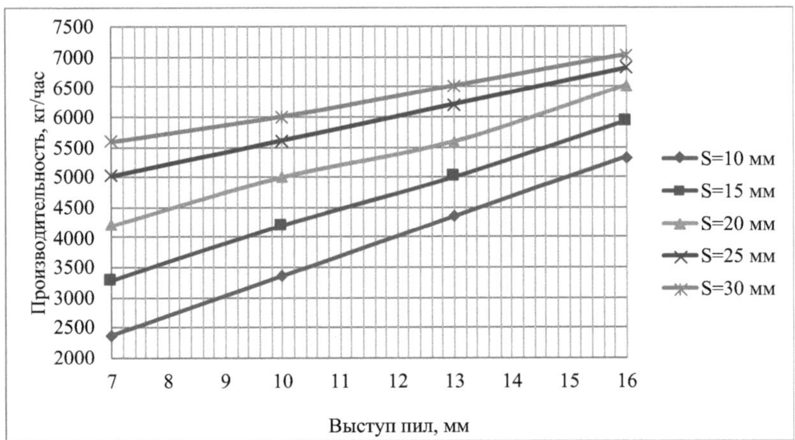

Fig.3.6 Influência da saliência da lâmina de serra no desempenho da alimentação de sementes

As experiências mostram que a alteração da distância "S" entre os dentes da serra do cilindro de serra e a parede de regulação e a saliência do cilindro de serra em relação ao pente da grelha afectam o rendimento do doseador. Ao aumentar a distância "S" até 30 mm, o rendimento do doseador aumenta, mas as sementes não são descarregadas uniformemente, ou seja, em grupos. De acordo com as nossas exigências e com uma produção elevada, as sementes rebaixadas devem ser introduzidas uniformemente no molho.

Durante as experiências, a análise de diferentes posições do ajuste da unidade de dosagem mostrou que a distância dos dentes da serra do cilindro da serra à parede de regulação S = 20 mm e na protrusão das serras do cilindro da serra do pente da grelha por 7-10 mm, a produtividade da unidade de dosagem não é inferior a 4000 kg/hora. Ao mesmo tempo, a alimentação das sementes é uniforme, o que, em geral, satisfaz as condições estabelecidas.

3.6 Resultados das medições do desempenho do estabilizador de lamas

Como indicado na secção 3 deste trabalho, foram efectuadas experiências de medição do trabalho do estabilizador da suspensão de trabalho em duas variantes: a primeira variante sem a instalação do estabilizador de pressão hidrostática e a segunda variante com a instalação do estabilizador de pressão hidrostática após o reservatório de escoamento [105].

Na primeira variante, após o reservatório de escoamento, é instalada uma válvula no tubo de saída do chorume e o caudal de chorume necessário foi fixado na quantidade de chorume no reservatório de escoamento igual a 100 litros. Durante 10 segundos no modo definido, a suspensão que flui através da válvula foi recolhida num copo de medição e o caudal real da suspensão foi determinado. A repetição de cada variante da experiência foi feita três vezes. Em seguida, as mesmas experiências foram repetidas com as quantidades de suspensão na capacidade de fluxo de 150, 200, 250, 300, 350, 400, 450, 500 litros.

Na segunda variante, foi instalado um estabilizador de pressão hidrostática na tubagem com diâmetro interior a jusante do reservatório de escoamento. Após o estabilizador, foi instalada uma válvula para o fluxo de lama e o caudal de lama necessário foi regulado para a quantidade de lama no tanque de fluxo igual a 100 litros. Durante 10 segundos no regime definido, a suspensão que flui através da válvula foi recolhida num copo de medição e o caudal real da suspensão foi determinado. Em seguida, as mesmas experiências da primeira variante foram repetidas com as quantidades de suspensão na capacidade de fluxo de 150, 200, 250, 300, 350, 400, 450, 500 litros. Os resultados das experiências são apresentados nos quadros 3.6 e 3.7.

Quadro 3.6

Resultados para a determinação do caudal de lama em função da quantidade de lama no reservatório de escoamento quando funciona sem estabilizador de pressão hidráulica

Quantidade de lama no reservatório de escoamento, litros	Caudal de lama em 10 seg., litros				Quadrado médio desvio, S	Coeficiente de variação, V
	Repetição de experiências					
	1	2	3	valor médio		
100	0,31	0,33	0,32	0,32	0,01	3,125
150	0,35	0,33	0,34	0,34	0,01	2,941
200	0,34	0,35	0,36	0,35	0,01	2,857

250	0,37	0,36	0,35	0,36	0,01	2,777
300	0,37	0,38	0,39	0,38	0,01	2,631
350	0,40	0,45	0,35	0,40	0,05	12,5
400	0,41	0,43	0,42	0,42	0,01	2,381
450	0,47	0,43	0,45	0,45	0,02	4,444
500	0,48	0,49	0,47	0,48	0,01	2,083

De acordo com os resultados das tabelas 3.6 e 3.7, podemos concluir que o estabilizador de pressão hidráulica desenvolvido proporciona um fornecimento mais uniforme de lama de trabalho para o agente de revestimento, independentemente da quantidade de lama no tanque de fluxo. Quando se trabalha sem o estabilizador de pressão hidráulica, a taxa de fluxo da lama quando se aumenta a quantidade de lama no tanque de fluxo (quando se define a taxa de fluxo requerida na quantidade de 100 l no tanque de fluxo) varia em uma ampla faixa e leva ao consumo excessivo da lama de trabalho e à má qualidade do tratamento das sementes de algodão.

Quadro 3.7

Resultados da determinação do caudal de lama em função da quantidade de lama no reservatório de escoamento quando se trabalha com estabilizador de pressão hidráulica

Quantida de de lama no reservatór	Caudal de lama em 10 seg., litros	Quadrad o médio desvio, S	Coeficiente de variação, V
	Repetição de experiências		

io de escoamen to, litros	1	2	3	valor médio		
100	0,31 0	0,33 0	0,32 0	0,320	0,010	3,125
150	0,32 0	0,31 0	0,33 0	0,320	0,010	3,125
200	0,32 8	0,32 3	0,32 4	0,325	0,0026	0,8
250	0,34 0	0,32 0	0,33 0	0,330	0,010	3,030
300	0,33 0	0,34 0	0,32 0	0,330	0,010	3,030
350	0,33 5	0,33 0	0,32 5	0,330	0,005	1,515
400	0,33 5	0,33 3	0,33 7	0,335	0,0014	0,418
450	0,33 8	0,34 1	0,34 1	0,340	0,0017	0,5
500	0,34 0	0,33 9	0,34 1	0,340	0,001	0,294

3.7 Determinação do caudal de lama em função do ângulo de inclinação da calha de bombagem e da distância entre o eixo da calha de bombagem e a válvula automática na superfície horizontal

Durante as experiências, foram adoptados os seguintes valores dos factores estudados:

1. São aceites as seguintes dimensões do tabuleiro giratório: comprimento - 300 mm; largura - 260 mm; altura das paredes laterais do tabuleiro - 50 mm.

2. Distância do eixo do tabuleiro móvel ao local de fixação da válvula automática de alimentação do chorume na superfície horizontal, L=28 mm; 32 mm; 36 mm; 40 mm; 44 mm; 48 mm e 52 mm.

3. Peso do contrapeso: 500 gr; 700 gr; 900 gr e 1100 gr.

A suspensão de trabalho da preparação P-4 foi utilizada nos ensaios.

O trabalho de teste foi realizado principalmente no reembolso da oscilação do tabuleiro oscilante.

Como se sabe, quando a semente passa pela calha oscilante, geram-se oscilações que alteram o carbono α.

Estas oscilações afectam o grau de abertura irregular da válvula de suspensão, o que, por sua vez, afecta o fornecimento irregular de suspensão para o tratamento das sementes. Por conseguinte, a fim de reprimir a oscilação do tabuleiro, alteramos a massa do contrapeso, a sua posição na alavanca e o ângulo de inclinação da alavanca em relação ao tabuleiro. ^{0}Os estudos experimentais determinaram os seguintes parâmetros: a massa racional do contrapeso - 1100 gramas, a distância até ao local da sua instalação na alavanca - 210 mm e o ângulo de inclinação da alavanca em relação ao tabuleiro oscilante - 75 .

Após a determinação dos parâmetros acima referidos, a investigação principal foi efectuada para determinar a influência do valor da distância entre o eixo do tabuleiro oscilante e o local de fixação da válvula automática de chorume na superfície horizontal para fornecer a quantidade necessária de chorume à capacidade do doseador de 2500, 3000, 3500 e 4000 kg/hora.

Os resultados dos estudos estão resumidos nos quadros 3.8, 3.9, 3.10 e 3.11.

Tabela 3.8.

Influência da distância entre o eixo da calha basculante e a válvula automática na

caudal de lama com uma capacidade de medição de 2500 kg/hora

№	Distância entre o eixo do tabuleiro giratório e a válvula automática de lama, mm	Repetição de experiências			Valor médio, l/hora	Desvio médio quadrático, S	Coeficiente de variação, V
		1	2	3			
1	28	43,8	44,0	43,3	43,7	0,36	0,82
2	32	50,3	49,8	50,5	50,2	0,36	0,72
3	36	55,9	56,0	56,7	56,2	0,43	0,76
4	40	61,9	62,7	62,9	62,5	0,53	0,85
5	44	68,1	69,1	68,9	68,7	0,53	0,77
6	48	75,4	74,7	74,9	75,0	0,36	0,48
7	52	81,6	81,3	80,7	81,2	0,46	0,57

A análise dos resultados obtidos mostrou que a distância mais aceitável entre o eixo do tabuleiro oscilante e o local de fixação da válvula automática de suspensão na superfície horizontal para alimentar a quantidade necessária de suspensão com a produtividade do doseador de 4000 kg/hora pode ser considerada como 44 mm a 48 mm. Porque a norma de consumo de suspensão de acordo com as "Recomendações sobre o tratamento de sementes de algodão" - para o tratamento de 1 tonelada de sementes de sementeira rebaixadas é fixada na quantidade de 25-30 litros. Se a distância especificada for reduzida de 44 mm, o fornecimento de lama será menor do que a norma, e se for aumentada mais de 48 mm, o fornecimento de lama será maior do que a norma [106].

Quadro 3.9

Influência da distância entre o eixo da calha basculante e a válvula automática na
caudal de lama com uma capacidade de medição de 3000 kg/hora

№	Distância entre o eixo do tabuleiro giratório e a válvula automática de lama, mm	Repetição de experiências			Valor médio, l/hora	Desvio médio quadrático, S	Coeficiente de variação, V
		1	2	3			
1	28	52,1	52,7	53,0	52,6	0,46	0,87
2	32	59,7	59,9	60,4	60,0	0,36	0,60
3	36	67,6	67,2	67,7	67,5	0,26	0,38
4	40	75,0	74,8	75,5	75,1	0,36	0,48
5	44	82,8	81,9	82,8	82,5	0,52	0,63
6	48	90,1	89,5	89,8	89,8	0,30	0,33
7	52	97,0	97,9	97,6	97,5	0,46	0,47

Com base nos resultados das experiências, foram determinados os seguintes parâmetros óptimos da máquina para a preparação das sementes caídas: protrusão das serras do cilindro da serra a partir da grelha h=7-10 mm, distância dos dentes das serras do cilindro da serra à parede de regulação S=20 mm, frequência de rotação do cilindro da serra n=60 rpm, comprimento do tabuleiro oscilante 300 mm, distância do eixo do tabuleiro oscilante à válvula automática para a alimentação suspensa L=44-48 mm e peso do contrapeso - 1100 gr.

Tabela 3.10.

Influência da distância entre o eixo da calha basculante e a válvula automática na caudal de lama com uma capacidade de medição de 3500 kg/hora

№	Distância entre o eixo do tabuleiro giratório e a válvula automática de lama, mm	Repetição de experiências			Valor médio, l/hora	Desvio médio quadrático, S	Coeficiente de variação, V
		1	2	3			
1	28	61,0	61,4	61,2	61,2	0,20	0,33
2	32	70,3	70,2	70,4	70,3	0,10	0,14
3	36	78,4	78,8	78,9	78,7	0,26	0,33
4	40	87,7	87,2	87,6	87,5	0,26	0,30
5	44	96,0	96,5	96,1	96,2	0,26	0,27
6	48	105,5	105,0	105,1	105,2	0,26	0,25
7	52	114,0	113,5	113,6	113,7	0,26	0,23

Tabela 3.11.

Influência da distância entre o eixo da calha basculante e a válvula automática na

caudal de lama com uma capacidade de dosagem de 4000 kg/hora

№	Distância entre o eixo do tabuleiro giratório e a válvula automática de lama, mm	Repetição de experiências			Valor médio, l/hora	Desvio médio quadrático, S	Coeficiente de variação, V
		1	2	3			
1	28	70,1	70,5	70,6	70,4	0,26	0,37
2	32	80,2	80,0	79,8	80,0	0,20	0,25

3	36	89,8	90,4	90,1	90,1	0,30	0,33
4	40	99,7	100,1	100, 2	100,0	0,26	0,26
5	44	110,0	110,5	110, 4	110,3	0,26	0,23
6	48	120,0	119,8	119, 6	119,8	0,20	0,17
7	52	124,9	124,7	124, 2	124,6	0,36	0,29

3.8 Investigação da exaustividade e uniformidade do penso distribuição de fluidos

Os principais indicadores qualitativos do processo de preparação são a integridade da preparação e a uniformidade da distribuição do fluido de trabalho sobre a massa de sementes e sobre a superfície de cada semente [54].

Para investigar os parâmetros qualitativos das sementes tratadas de culturas de cereais, são utilizados métodos de determinação quantitativa de substâncias activas de preparações baseadas na técnica de cromatografia gás-líquido [14]. No entanto, este método de investigação da qualidade da preparação das sementes requer equipamento de laboratório dispendioso, laboratório e especialistas qualificados. Deve também notar-se que não existem métodos oficialmente aprovados para determinar a qualidade da preparação das sementes de algodão. Por conseguinte, para o estudo e a determinação da integridade e da uniformidade da preparação, preparámos os métodos descritos na subsecção 3.2.2.

Como pode ser visto a partir dos dados experimentais, a integridade da preparação nas taxas de fluxo de suspensão investigadas (de 25 a 30 l/t) na máquina de preparação experimental é de 85...99%, o que corresponde aos requisitos agrotécnicos de 100±20% [3]. Consequentemente, as sementes tratadas podem ser utilizadas para outros fins.

Além disso, no quadro 3.13 são apresentados os resultados obtidos durante os estudos laboratoriais e de produção relativos à uniformidade de distribuição do fluido de trabalho sobre a massa de sementes.

Os resultados experimentais são apresentados nas Tabelas 3.12 e 3.13.

Tabela 3.12.

Resultados dos testes laboratoriais e de produção da integralidade da cobertura

Consumo de mão de obra líquidos, l/t	Peso das sementes até mordente, g	Peso das sementes após mordente, g	Peso médio das sementes, g		Consumo real trabalho líquidos em conversão por 1 tonelada, litros	Completude do penso, %
			antes de mordente, g	após mordente,g		
1	2	3	4	5	6	7
25	61,250 61,730 60,910 61,358 60,905 61,216 61,045 61,208 60,992 60,886	63,128 62,756 62,798 62,358 62,913 62,776 62,605 62,768 62,552 62,446	61,15	62,71	25,51	85
27,5	60,935 61,258 61,530	62,465 62,718 63,250	61,1	62,77	27,33	91

	61,150 60,805 61,110 61,076 61,233 60,911 60,992	63,000 62,305 62,820 62,506 62,593 62,981 63,062				
30	61,085 61,408 61,680 61,300 60,955 61,260 61,226 61,383 61,061 61,142	62,815 63,162 63,228 63,081 63,240 63,123 63,210 62,916 62,795 63,130	61,25	63,07	29,71	99

Como pode ser visto a partir dos dados experimentais, a integridade da preparação nas taxas de fluxo de suspensão investigadas (de 25 a 30 l/t) na máquina de preparação experimental é de 85...99%, o que corresponde aos requisitos agrotécnicos de 100±20% [3]. Consequentemente, as sementes tratadas podem ser utilizadas para outros fins.

Além disso, no quadro 3.13 são apresentados os resultados obtidos durante os estudos laboratoriais e de produção relativos à uniformidade de distribuição do fluido de trabalho sobre a massa de sementes.

Quadro 3.13

Resultados dos estudos de laboratório e de produção sobre a uniformidade de distribuição do fluido de trabalho sobre o peso das sementes

Consumo de fluido de trabalho, l/t		25	27,5	30
Peso das sementes após molho, g	1	63,128	62,465	62,815
	2	62,756	62,718	63,162
	3	62,798	63,250	63,228

	4	62,358	63,000	63,081
	5	62,913	62,305	63,240
	6	62,776	62,820	63,123
	7	62,605	62,506	63,210
	8	62,768	62,593	62,916
	9	62,552	62,981	62,795
	10	62,446	63,062	63,130
Peso médio das sementes, g		62,71	62,77	63,07
Desvio médio quadrático, S		0,23	0,30	0,17
Coeficiente de variação, V %		0,37	0,48	0,27
$S_{\bar{x}}$ Erro médio , g		0,07	0,09	0,05

Os resultados da análise dos dados obtidos mostram que os coeficientes de variação do peso das sementes preparadas colhidas em diferentes locais não têm um valor elevado. Consequentemente, pode afirmar-se que a uniformidade de distribuição do líquido de trabalho na massa de sementes é uniforme e que a qualidade da preparação é bastante elevada.

3.9 Efetuar um estudo multifatorial para determinar os parâmetros óptimos do agente de tratamento com um dispositivo que permita correlacionar a taxa de consumo da suspensão com a produtividade do doseador de sementes.

Após o melhoramento adequado do agente de tratamento, foram efectuadas experiências preliminares para determinar os principais parâmetros tecnológicos que garantem o tratamento das sementes de sementeira. Nos trabalhos experimentais foram utilizadas sementes da variedade de seleção Namangan-77 com uma pubescência residual de 8,6%.

12Os critérios de avaliação da qualidade da preparação das sementes de algodão são escolhidos como o caudal da suspensão U e a integridade da preparação U. Os principais factores que influenciam os critérios mencionados são: a distância do eixo do tabuleiro rotativo à válvula automática L, o ângulo de inclinação do tabuleiro rotativo em relação ao plano horizontal α, a produtividade da preparação das sementes P.

Com base nos resultados dos estudos preliminares, foram selecionados os níveis e as etapas de variação dos factores que influenciam a qualidade da preparação (Quadro 3.14)

3Ao realizar estudos experimentais, o plano de experimento multifatorial B foi vibrado. 3A matriz do plano B e os resultados das experiências para determinar a qualidade da preparação das sementes e o tratamento dos resultados dos dados experimentais são apresentados no Apêndice 3.

Como resultado do processamento de dados experimentais utilizando um software de computador, foram obtidas as seguintes equações de regressão, que descrevem adequadamente o processo de preparação:

$_{11231}{}^{2}{}_{1213}$Y =27,168+2,420X -2,533X +1,150X +0,647X -0,529X X -0,546X X +

$_{2}{}^{2}{}_{23}$+1,047X +0,487X X ;

$_{21231}{}^{2}{}_{1213}$Y =90,506+8,127X -8,437X +3,830X +2,237X -1,775X X -1,842X X +

$_{2}{}^{2}{}_{23}$+3,454X +1,583X X ;

Quadro 3.14

Níveis de factores e respectivos intervalos de variação

№	Factores	Unidade	Descrição dos factores		Intervalos de variação	Níveis de variação		
			Natu-ral	Codif-icado		-1	0	+1
1	Distância entre o eixo do tabuleiro de balanço e a válvula automática	mm	L	X_1	4	44	48	52
2	Ângulo de inclinação do tabuleiro de balanço em relação ao plano horizontal	grau	α	X_2	4	32	36	40
3	Capacidade de tratamento das sementes	kg/hora	P	X_3	500	3000	3500	4000

Ao resolver a questão da otimização dos parâmetros da máquina de tratamento, são aceites as seguintes condições

1 Em - o consumo de chorume por 1 tonelada de sementes abatidas não deve ser superior a 27,5 litros;

2 A - a cobertura completa deve ser de, pelo menos, 91,5 %.

1 12 3EM (X , X , X) <27,5

2 12 3EM (X , X , X) >91,5

1 ≥ 2 ≥ 3≥X 0, X 0, X 0

Os parâmetros foram optimizados utilizando programas de computador modernos com a ajuda de métodos de pesquisa aleatórios. Como resultado, foram obtidos os seguintes parâmetros de processo óptimos:

Valores dos factores	X_1	X_2	X_3
Codificado	-1	-0,2324	+1
Natural	44	35,560	4000
Arredondado	44	36	4000

[0]De acordo com os resultados dos estudos multifactoriais, tomamos o valor racional - a distância entre o eixo do tabuleiro de bombagem e a válvula automática igual a 44 mm, o ângulo de inclinação do tabuleiro de bombagem em relação ao plano horizontal igual a 36 e a produtividade da preparação igual a 4000 kg/hora.

3.10 Conclusões

1. Como resultado de experiências, determinou-se que a distância dos dentes de serra do cilindro de serra à parede de regulação é igual a S = 20 mm e a protrusão das serras do cilindro de serra do pente da grelha é de 7-10 mm, a produtividade do doseador não é inferior a 4000 kg/hora.

2) Estudos experimentais provaram que o estabilizador de pressão hidráulica desenvolvido proporciona um fornecimento mais uniforme da lama de trabalho, independentemente da quantidade de lama no tanque de fluxo. Quando se trabalha sem um estabilizador de pressão hidráulica, o caudal de chorume ao aumentar a quantidade de chorume no reservatório de fluxo varia numa vasta gama e conduz a um consumo excessivo de chorume de trabalho e a uma má qualidade da preparação das sementes de algodão.

3 Determinou-se que a passagem das sementes pelo tabuleiro oscilante origina oscilações, o que altera o seu ângulo relativamente ao plano horizontal. [0]A partir da condição de reembolso da oscilação do tabuleiro por estudos experimentais, determinaram-se os seguintes

parâmetros: massa racional do contrapeso - 1100 gramas; distância do eixo do tabuleiro oscilante ao local da sua instalação - 210 mm e o ângulo de inclinação da alavanca em relação ao tabuleiro oscilante - 75 .

4. Como pode ser visto a partir dos dados experimentais, a integridade da preparação nas taxas de fluxo de suspensão estudadas (de 25 a 30 l / t) na máquina de preparação experimental é 85 ... 99%, o que corresponde aos requisitos agrotécnicos 100 ± 20%, enquanto os coeficientes de variação de peso de sementes preparadas tomadas de diferentes lugares não tem valor alto. Consequentemente, pode afirmar-se que a uniformidade da distribuição do líquido de trabalho na massa de sementes ocorre uniformemente e a qualidade da preparação é bastante elevada.

5. ^{0}De acordo com os resultados dos estudos multifactoriais, aceitamos o valor racional - a distância entre o eixo do tabuleiro de bombagem e a válvula automática igual a 44 mm, o ângulo de inclinação do tabuleiro de bombagem em relação ao plano horizontal igual a 36 para fornecer a quantidade necessária de suspensão à capacidade do doseador de 4000 kg/hora.

IV. TESTES DE PRODUÇÃO E EFICIÊNCIA ECONÓMICA DO TRATAMENTO DE SEMENTES DE ALGODÃO PARA AS SEMENTES DE MÍLDIO

4.1 Realização de estudos de produção da máquina de tratamento de sementes

Um dos indicadores mais importantes que caracterizam a máquina de tratamento de sementes é a sua produtividade para sementes que satisfazem os requisitos técnicos estabelecidos de acordo com os regulamentos existentes para a preparação de sementes. Anteriormente, em pesquisas teóricas e de laboratório, a produtividade da semeadora era determinada em função da saliência das serras do cilindro da serra em relação à grade e da distância dos dentes das serras do cilindro da serra em relação à parede de regulagem.

Além disso, foi comprovado que o dispositivo-estabilizador desenvolvido permite a passagem através da válvula automática da quantidade necessária da suspensão de trabalho consumida em função da produtividade do tratamento das sementes.

A fim de confirmar o que precede, foram efectuados estudos de produção da máquina de preparação de sementes em condições de produção. A investigação foi efectuada na oficina de preparação de sementes da fábrica de descaroçamento de algodão Kushkupir da região de Khorezm.

Para este efeito, na empresa subsidiária da DP "RIM Ustakhonasi", foi produzida uma amostra experimental de uma máquina de tratamento de roupas de acordo com os parâmetros justificados pelo autor, cujo esquema e visão geral são mostrados nas Figuras 4.1 e 4.2.

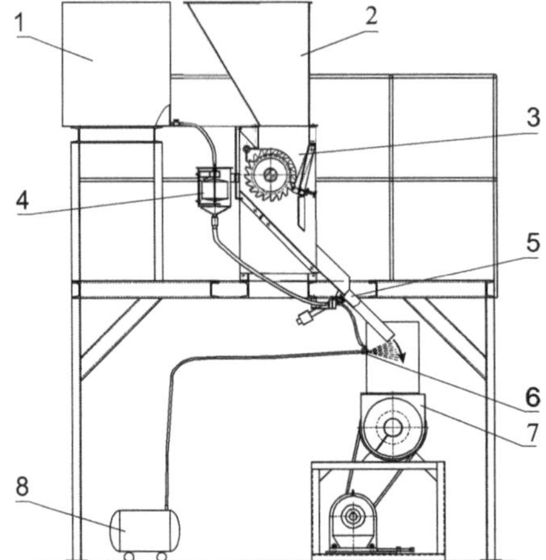

Fig.4.1 Diagrama esquemático da máquina de tratamento de sementes desenvolvida.

Fig.4.2 Vista geral da máquina de tratamento de sementes.

A máquina de tratamento experimental foi instalada na zona de tratamento da loja de preparação de sementes, após a tremonha de dosagem. O processo tecnológico de preparação da amostra experimental é o seguinte: as sementes de sementeira preparadas para a preparação vão para a tremonha superior da máquina de preparação. Quando a tremonha está cheia de sementes, o motor-redutor do doseador é ligado, a velocidade do cilindro da engrenagem é regulada para 60 rpm e são fixados outros valores necessários dos parâmetros determinados em condições laboratoriais (Fig. 4.3).

Fig.4.3 Investigação da produção da amostra experimental da máquina de tratamento de sementes para sementeira

As sementes de algodão Mehnat preparadas para o tratamento com pubescência de 8,5% e danos mecânicos de 3,5% foram utilizadas na pesquisa. Foram efectuados estudos sobre diferentes produtividades de sementes preparadas para determinar a eficiência da ventilação automática por suspensão.

A determinação da produtividade real da máquina de tratamento de sementes de algodão foi efectuada de acordo com o método descrito na terceira secção. Os resultados experimentais estão resumidos no quadro 4.1 (anexo 4).

Tabela 4.1.

Determinação do caudal real da suspensão de trabalho do agente de apresto em função da capacidade do doseador de sementes.

Variantes da experiência	Capacidade de produção, toneladas/hora	Caudal de lama de tratamento, l/hora			Valor médio, l/hora	Caudal real de lama, toneladas por litro	Aumento dos danos mecânicos das sementes, %
		Repetição de experiências					
		1	2	3			
1	2,5	69,0	68,7	67,8	68,5	27,4	0,9
2	3,0	83,5	83,2	82,1	82,9	27,6	1,0
3	3,5	97,2	96,1	95,3	96,2	27,5	0,9
4	4,0	109,7	110,2	107,6	109,1	27,2	0,9

A partir dos resultados do Quadro 4.1, podemos concluir que a máquina experimental de tratamento de sementes fornece a produtividade necessária de tratamento, o consumo necessário de suspensão de trabalho por hora de operação e para cada tonelada de sementes tratadas.

Além disso, a válvula automática desenvolvida por meio do sistema de calha oscilante permite o ajuste automático do caudal da quantidade necessária de lama de trabalho em função da capacidade do doseador de sementes, o que não é possível nas máquinas de tratamento de sementes existentes.

Os resultados das análises laboratoriais das sementes preparadas mostraram que, em todos os indicadores, as sementes preparadas cumprem os requisitos da norma existente para sementes preparadas, a integridade da preparação não é inferior a 80%, a produtividade das sementes preparadas não é inferior a 4,0 t/hora, o consumo de suspensão de trabalho do agente de preparação não é superior a 27,5 litros/t e o crescimento dos danos mecânicos das sementes preparadas não é superior a 1,5%.

A análise das dependências gráficas apresentadas, obtidas por meios teóricos, experiências laboratoriais e estudos em condições de produção, mostra a adequação dos estudos teóricos e experimentais.

Após a realização de pesquisas de produção e a eliminação de falhas de projeto identificadas durante o estudo, a máquina de tratamento experimental desenvolvida de sementes de algodão rebaixadas foi introduzida na linha tecnológica para a preparação de sementes de algodão rebaixadas da fábrica de descaroçamento de algodão Kushkupir na região de Khorezm. A preparação experimental de sementes de algodão descaroçadas funcionou sem problemas na época de 2017-2018, de acordo com os resultados dos quais foi elaborado o ato de introdução (anexo 5).

A validade das investigações realizadas e a fiabilidade da aplicação dos resultados das presentes investigações são confirmadas por certificados de organizações superiores (anexos 6 e 7).

4.2. Estudo de viabilidade do complexo de equipamentos para a preparação de sementes de algodão com casca

De acordo com a metodologia de cálculo da eficiência económica da introdução de novo equipamento e organização da produção para empresas da indústria de descaroçamento do algodão, a determinação do efeito económico anual esperado baseia-se na comparação dos custos variáveis do equipamento básico e do novo equipamento e é feita de acordo com a fórmula:

$$_{1H12H2}E = P + [(C + E\ TO\ ) - (C + E\ TO\ )];\ (4.1)$$

$_{12}$ em que: C , C - custos de funcionamento por rubricas de custos variáveis, em UZS;

$_{12}$P - diferença de custo resultante da poupança do consumo da preparação P-4 (P - P), milhares de soums;

$_{12}$K ;K - investimentos de capital em variantes básicas e implementadas, ths.UZS;

$_{H}$E - coeficiente normativo de eficiência do investimento de capital (0,15).

O quadro 4.2 apresenta os dados iniciais para o cálculo do efeito económico.

Tabela 4.2.

Dados de entrada para o cálculo da eficiência económica

№ n/a	Nome dos indicadores	Unidade medidas	Versão básica	Versão implementada
1	Desempenho	toneladas por hora	4,0	4,0
2	Custo do equipamento	mil soums	38400,0	23800,0
3	Capacidade instalada	kW	4,0	4,25
4	Tempo de trabalho produtivo	hora	625,0	625,0
6	Taxas de eletricidade: - por 1 kWh de energia consumida	soma	450	450
7	Produção por ano	т	2500,0	2500,0
8	Custo de 1 litro:			

	medicamento (P-4)	soma	33000	33000
9	Consumo de medicamentos por 1 tonelada de sementes	л	4,5	4,125

A máquina de tratamento de sementes de algodão da marca I-JS-8/L foi adoptada como variante de base.

Cálculo do custo do consumo de eletricidade

O consumo de eletricidade é determinado com base na potência dos motores eléctricos instalados no equipamento e no tempo de trabalho produtivo

$$_{yc}W=P\ K\ T_o$$

y em queP - potência instalada dos motores eléctricos, kW;

$_o$T - tempo produtivo de funcionamento do equipamento, hora

Consumo de energia no cenário de base:

$$_cW = 4 \times 625 = 2500 \text{ kWh}$$

$_{иб}$Custo da energia: E =2500 x 450 =1125 mil soums.

$_c$Consumo de energia na variante implementada: W =4,25 x 625 =2656 kWh

$_{ив}$Custo da energia: E =2656 x 450 =1195 mil soums.

Cálculo das despesas de amortização

Na versão de base

38400,0 mil UZS x 0,15 = 5760 mil UZS

Na versão implementada

23800,0 mil UZS x 0,15 = 3570 mil UZS

Custos de reparação

Na versão de base

38400,0 mil UZS x 0,05 = 1920 mil UZS

Na versão implementada

23800,0 mil UZS x 0,05 = 1190 mil UZS

Tabela 4.3.

Custos de funcionamento

Indicadores	Unidade.	Opções	
		base	projeto
Amortização	mil soums	5760	3570
Reparação	mil soums	1920	1190
Energia eléctrica	mil soums	1125	1195
Total	mil soums	8805	5955

Com a utilização do novo equipamento proposto, o consumo de preparação da marca P-4 é reduzido em 15 %, sendo o consumo normal de veneno químico para 1 tonelada de sementes de 4,5 litros.

Estimativa do custo do tratamento preventivo P-4

Base

$$_1P = 4,5 \times 33000 \times 2500 = 371250 \text{ milhares de soums}$$

Projeto

$$_2P = (4,5 - (2,5\times0,15))\times33000 \times 2500 = 340312 \text{ milhares de soums}$$

Em que, 33000 - custo de 1 litro de preparação P-4, soma.

4000 - volume de sementes semeadas, toneladas.

Diferença

$$P = 371250- 340312= 30938 \text{ mil soums}$$

Tabela 4.4.

Resumo dos custos por opção

Indicadores	Unidade.	Opções	
		base	projeto
Custo do equipamento	mil soums	38400,0	23800,0
Custos de funcionamento	mil soums	8805	5955

Custo do medicamento P-4	mil soums	371250	340312
Poupanças no consumo de drogas (P)	mil soums	-	30938

Substituindo os valores obtidos na fórmula, determina-se o efeito económico anual por unidade

бнбвнвE=[P +(C +E K)-(C +E K)] =30938+ [(8805+0.15×38400)-(5955+0.15×23800)]=30938+[14565- 9525] = 35978 thsum.

Assim, o efeito económico anual esperado da introdução de um conjunto de equipamento para o tratamento de sementes de algodão será de aproximadamente **35978** mil soums.

PRINCIPAIS CONCLUSÕES DO TRABALHO

1. A qualidade da preparação das sementes de algodão depende de muitos factores diferentes. A análise mostra que os factores que determinam a qualidade da preparação das sementes agrícolas podem ser agrupados em quatro grupos principais: propriedades físicas e mecânicas das sementes, propriedades físicas e químicas do agente de preparação, factores tecnológicos e factores que dependem da conceção do agente de preparação.

2. Os pulverizadores utilizados na prática dispersam maioritariamente o líquido de trabalho com a preparação em gotas de vários tamanhos, ou seja, formam sistemas polidispersos. No melhor dos casos, é possível regular o tamanho médio das partículas, mas grandes fracções de peso de partículas de diferentes tamanhos reduzem a eficiência do tratamento e afectam negativamente a uniformidade e a área de cobertura da superfície da semente pelo agente de tratamento.

3. Foram desenvolvidos e introduzidos na produção muitos tipos de tecnologias e meios técnicos para a preparação de sementes de culturas agrícolas. No entanto, até à data, não existem soluções perfeitas para melhorar a integralidade da preparação, ou seja, a compatibilidade entre a quantidade de agente de preparação fornecida e a produtividade das sementes preparadas.

4. Obtêm-se as dependências analíticas para o cálculo dos valores da distância da saliência do tambor dentado à grelha do distribuidor de sementes. São construídas as regularidades das mudanças na trajetória do movimento das sementes de algodão na zona entre o tambor dentado e a guia inclinada a partir da mudança da frequência de rotação do tambor dentado e do ângulo de ejeção das sementes na zona inicial. $^{-3}$Para garantir a produtividade da preparação das sementes dentro

de (4,0÷4,5) toneladas, recomenda-se o valor da saliência dos dentes da grelha dentro de (7,0÷10,0)-10 m.

5. São construídas as dependências gráficas da variação da amplitude de oscilação do tabuleiro em função do peso total das sementes no tabuleiro de recolha. A análise das dependências gráficas obtidas mostra que com a maturação $\sum m_c$ a amplitude de oscilação do tabuleiro aumenta de acordo com uma regularidade não linear. ^{00}Quando a massa total de sementes aumenta de 0,4 kg para 2,4 kg, a amplitude de oscilação do tabuleiro aumenta de 1,21 para 3,09 com a massa de 1,5 kg. Os valores recomendados são: peso da carga 1,3 kg a uma produção de 4,0-4,5 t/h.

6. São traçadas as dependências gráficas da variação da velocidade das sementes no tabuleiro em função da variação do ângulo de inclinação e do valor da deslocação das sementes. Para aumentar a alimentação das sementes na zona de suspensão, é necessário aumentar o ângulo de inclinação do tabuleiro ou diminuir o coeficiente de atrito entre as sementes e a superfície do tabuleiro. ^{00}Os valores recomendados para os parâmetros são: β=40 ÷45 , *f=0*,30, para os quais a produtividade do semeador é de (4,0÷4,5) toneladas.

7. É obtido um modelo matemático que descreve as pequenas oscilações do tabuleiro com sementes do semeador. Através da solução numérica do problema, obtêm-se as regularidades das oscilações do tabuleiro de recolha de sementes. Revela-se que a amplitude e a frequência das oscilações do tabuleiro diminuem com o aumento da massa do peso na alavanca. Em $m_{гр} = 1,3$ кг, $\sum m_c = 1,08$ кг^{0}a amplitude de oscilações do tabuleiro atinge 3,1 e, consequentemente, o tempo de oscilação diminui para 0,71 s.

8. São construídas as regularidades gráficas da alteração da amplitude de oscilação do tabuleiro de recolha de sementes a partir da alteração do ângulo da alavanca com a carga em função da variação dos

valores do peso da carga. Com o peso de uma carga de 1,6 kg, o aumento do ângulo β^{0000}d e 25 para 50 leva a um aumento da amplitude de oscilação do tabuleiro com sementes de 0,51 para 2,03, e com a diminuição da massa da carga $\Delta\zeta^{0}$v aria de 1,23 a 5,67 . ^{00}Os valores recomendados do ângulo da alavanca com a carga em relação ao tabuleiro de sementes são (75 ÷80).

9. Como resultado de experiências, determinou-se que a distância entre os dentes da serra do cilindro de serra do doseador de sementes e a sua parede de regulação é igual a S=20 mm e a protrusão das serras do cilindro de serra do pente da grelha é de 7-10 mm, a produtividade do doseador não é inferior a 4000 kg/hora.

10. estudos experimentais provaram que o estabilizador de pressão hidráulica desenvolvido proporciona um fornecimento mais uniforme da lama de trabalho, independentemente da quantidade de lama no tanque de fluxo. Quando se trabalha sem um estabilizador de pressão hidráulica, o caudal de chorume ao aumentar a quantidade de chorume no reservatório de fluxo varia numa vasta gama e conduz a um consumo excessivo de chorume de trabalho e a uma má qualidade da preparação das sementes de algodão.

11) Como pode ser visto a partir dos dados experimentais, a integridade da preparação nas taxas de fluxo de suspensão estudadas (de 25 a 30 l / t) na máquina de preparação experimental é de 85 ... 99%, o que corresponde aos requisitos agrotécnicos 100 ± 20%, ao mesmo tempo em que os coeficientes de variação de peso de sementes preparadas retiradas de diferentes lugares não têm valor alto. Consequentemente, pode afirmar-se que a uniformidade de distribuição do líquido de trabalho na massa de sementes ocorre uniformemente e a qualidade da preparação é bastante elevada.

°12. de acordo com os resultados dos estudos multifactoriais, tomamos um valor racional - a distância do eixo do tabuleiro de bombagem à válvula automática igual a 44 mm, o ângulo de inclinação do tabuleiro de bombagem em relação ao plano horizontal igual a 36 para fornecer a quantidade necessária de lama a uma capacidade de dosagem de 4000 kg/hora.

13) Os resultados dos testes de produção do agente de apresto recomendado mostraram que, em todos os indicadores, as sementes aprestadas cumprem os requisitos da norma existente para sementes aprestadas, a integralidade da aprestação não é inferior a 80-85 %, a produtividade das sementes aprestadas não é inferior a 4,0 t/hora, o consumo de suspensão de trabalho do agente de apresto é de 25-30 litros/t e o aumento dos danos mecânicos das sementes aprestadas não é superior a 1,5 %.

14. o efeito económico anual esperado da introdução do agente de tratamento de sementes de algodão recomendado será, provisoriamente, de **35978** mil soums a partir de 2019.

LISTA DE REFERÊNCIAS

1) Comité Consultivo Internacional do Algodão. Washington, DC, Do Secretariado do ICAC. https://icac.org/, correio eletrónico secretariat@icac.org. 7 de outubro de 2019.

2. Decreto Presidencial n.º UP 5708 de 17 de abril de 2019 "Sobre medidas para melhorar o sistema de gestão estatal no domínio da agricultura" as principais tarefas do Ministério da Agricultura da República do Uzbequistão.

2. Ao Decreto n.º 604 do Conselho de Ministros da República do Usbequistão, de 23 de dezembro de 2004, "relativo a medidas para melhorar a organização da produção de sementes de algodão".

3. Kuchkarov H.M., Akramov A.A., Abdugabborov S. PDI 54 - 2015 Uruglik chigitni dorilash bўyicha tavsiyanom.

4) Andreeva E.I., Pronchenko T.S. Agentes de tratamento de sementes de algodão. Materiais da reunião sobre a preparação pré-sementeira de sementes de algodão. Tashkent, 1978. C. 10-12.

5. Khoshimova A. Modern state of cotton growing abroad (review), Tashkent, 1976. 52 c.

6. Khoshimova A. Modern state of cotton growing abroad (review), Tashkent, 1978. 38 c.

7. https://propozitsiya.com/osobennosti-normirovaniya-protraviteley-semyan-zernovyh-kultur

8. Deryabin V., Irgashev E. Dragagem de sementes de algodão. //Agricultura do Uzbequistão. - 1967. - №1. - C. 8-10.

9. Dzhasheev A. Qualidade das sementes e precisão da distribuição das plântulas na zona de alimentação // Tractores e máquinas agrícolas. - 2004. - №1. - C. 37-39.

10. Drincha V.M., Tsydendorzhiev B., Kubeev E.I. Princípios básicos da preparação química e desinfeção física das sementes antes da sementeira // Agrarny Expert. -2009.

11. novidades na preparação de sementes de algodão. /Expressinformation. - Tashkent, UzNIINTI. - 1987. - 6 c.

12) Novo agente de tratamento de sementes de algodão //Information sheet of UzNIINTI. - Tashkent. - 1988.

13. Meios modernos de mecanização da aplicação de pesticidas e perspectivas do seu desenvolvimento // Journal of Mendeleev All-Union Chemical Society. - 1984. - T. 29. - №1

14. https://agrovesti.net/lib/tech/plant-protection-tech/obrabotka-semennogo-materiala-protravlivanie-semyan.html

15. Pavlov I.F. Proteção das culturas arvenses contra as pragas / - 2ª edição, suplemento e revisão. - Moscovo: Rosselkhozizzdat, 1987. - 256 c.

16. https://www.syngenta.kz/rekomendacii-po-tehnologii-obrabotki-semennogo-materiala

17. Jamaliev A. Black root rot // Mecanização e eletrificação da agricultura. 1979. №9. C. 14-16.

18. Tagirova V. et al. Estimativa da infestação do algodão pela podridão negra da raiz // Cotton growing. 1982. №4 c. 24.

19. https://agromage.com/stat_id.php?id=158

20. https://www.cropscience.bayer.ru/kornievyie-ghnili

21.https://cyberleninka.ru/article/n/kornevye-gnili-zernovyh/viewer Ovsyankina A.V.

22. https://ru-ecology.info/term/59243/

23. http://www.cawater-info.net/library/rus/iwrm/iwrm13.pdf

24. Mukhin V.D. Dragagem de sementes de culturas agrícolas. M., Kolos, 1971. 46 c.

25. Bakhramov K.B. Instruções sobre a preparação pré-sementeira de sementes de algodão felpudo em explorações agrícolas. Tashkent. 1986. 14 c.

26. Polityko P. M. Proteção das culturas de inverno no outono // Proteção fitossanitária e quarentena. - 2008. - № 8. - C. 20-22.

27. Semynina T. B. Semeie apenas sementes vestidas // Proteção de plantas e quarentena. - 2008. - № 8. - C. 43.

28. Bugaev P. Boas sementes - boas colheitas // Rural mechaniser. - 2005. - № 5. - C. 26-27.

29. Dorozov A. Influência do tratamento de sementes antes da sementeira com pectina e microelementos na qualidade do rendimento do trigo de inverno, da ervilha e da soja // Grain farming. - Moscovo: 2001. - № 1 (4). - C. 31-33.

30. Kalashnikov K.Ya. Combate ao míldio do trigo / - Moscovo Leninegrado: Selkhozizdat, 1955. - 64 c.

31. Lepekhin N.S. What gives seed dressing // Plant Protection. - 1994. - № 3. - C. 39.

32. Instruções metódicas sobre o tratamento de sementes de culturas agrícolas. - Moscovo: Kolos, 1984. - 48 c.

33. Niyazov A.M. Tratamento pré-sementeira de sementes de cevada no campo eletrostático: Cand. Candidato de Ciências Técnicas: 05.20.02 / Izhevsk GSA. - Izhevsk, 2001. - 125 c.

34. Talanov I.P. Influência de preparações estimulantes no rendimento e na qualidade do grão de trigo // Grain farming. - 2001. - № 4 (7). - C. 21-22.

35. Teplyakov B.I. Factors of spring wheat productivity increase // Plant protection and quarantine. - 2004. - № 4. - C. 24-25.

36. Tishkin V. T. O papel da proteção das plantas é óbvio // Plant Protection and Quarantine. - 2009. - № 12. - C. 4-6.

37. Klavins U. V. Tratamento de tubérculos antes da plantação // Batatas e legumes. - 1977. - № 5. - C. 12-13.

38. Zabazny P. A., Buryakov Y. P. Breve livro de referência do agrónomo / - Moscovo : Kolos, 1983. - 320 c.

39. http://www.cawater-info.net/library/rus/iwrm/iwrm13.pdf

40. https://www.activestudy.info/gommoz-xlopchatnika/

41. Drincha V. M., Kubeev E. I. Princípios básicos da preparação química e desinfeção física das sementes antes da sementeira // Agrarny Expert. - 2009. - № 3.

42. https://ogorodstvo.com/bolezni-rasteniy/bolezni-khlopchatnika/sistema-meropriyatij-zashhity-xlopchatnika-ot-boleznej.html

43. Baiguskarov M.H. Perfeição do condicionador de tambor para tratamento de sementes pré-semeadura com biopreparações: Cand. Sci. (Techn.) : 05.20.01 / [Local de defesa: Bashkir State Agrarian University] - Ufa, 2011. 143 c.

44. Dzhuraev R.H. Justificação da tecnologia e dos parâmetros de base do dispositivo de tratamento de sementes de algodão em rama na fase de drapejamento. dissertação. candidato a ciências técnicas. Yangiyul, 2000. 136 c.

45. Gabrakhmanov I.H., Nurullin E.G., Erov Y.V., Salakhiev D.Z. e outros. Recommendations to ensure the quality of bread harvesting, post-harvest processing of grain and seeds of cereals, legumes and cereal crops/- Kazan: Publishing and Printing Company, 2011.

46. Gabdrakhmanov I.H., Erov Y.V., Karimov K.Z., Kuzmina T.I., Yashin D.A. // Reference book on seed production of cereals, leguminous and cereal crops - Kazan, 2009.

47. Dolzhenko V.I., Kotikova G.Sh., Zdrozhevskaya S.D. et al. Tratamento de sementes / - M., 2003. - 62 c.

48. Dorogov E. Test-drive de agentes de curativo // New Agrarian Journal.- março-maio de 2011. - №2(2).

49. Semynina T.V. Sow only dressed seeds. // Proteção das plantas e quarentena. - 2008. - №8. C.43.

50. Tenyaev A.V., Doiskova N.M. Good seed - good sprouts // Plant Protection and Quarantine. - 2004. - №3. C.12-13.

51. Trishkin D.S. Handbook of agronomist on the issues of seed dressing of grain crops. Recommendations for quality dressing / Editado por D.S. Trishkin, Candidato a Ciências Biológicas - M., 2006.

52. Volovik A.S., Glez V.M., Zamataev A.I. et al. Proteção da batata contra doenças, pragas e ervas daninhas: livro de referência /- Moscovo : Agropromizdat, 1989. - 205 c.

53. Livro de referência sobre a transformação primária do algodão, Tashkent-2019, 268-271 p.

54. Salakhov I.M. Desenvolvimento e fundamentação de parâmetros de tratamento pneumomecânico de sementes de culturas de cereais. Ciência e Tecnologia: Kazan-2014.

55. Klenin N.I., Sakun V.A. Máquinas agrícolas e de recuperação de terras: Elementos da teoria dos processos de trabalho, cálculo dos parâmetros de ajustamento e modos de funcionamento. 2ª ed., revisão e suplemento - M.: Kolos, 1980. - 671 c.

56. Listopad G.E., Demidov G.K., Zonov B.D. e outros. Máquinas agrícolas e meliantes - M.: Agropromizdat, 1986. - 688 c.

57. Myslyvchenko A.V., Lavrentiev S.P., Usatykh N.A. Tecnologia do trabalho agrícola mecanizado: método de formação prática. Parte IV: Meios de mecanização para proteção das plantas contra pragas e doenças / compilado por. Universidade Agrária Estatal de Novosibirsk: Instituto de Engenharia. - Novosibirsk, 2007. - 27c.

58. Karpenko A.N., Khalansky V.M. Agricultural machines. - 5ª ed., revisão e suplemento - M.: Kolos, 1983. - 495 c.

59. Tecnologia dos trabalhos agrícolas mecanizados. Instruções metodológicas para aulas práticas. - Novosibirsk, 2007.

60. https://www.agroinvestor.ru/technologies/article/15125-da-budet-dozhd/

61. https://www.agrodialog.com.ua/protravlivanie-semyan.html

62. Vasiliev V. Seed dressing and harvest // Grain crops. - Moscovo, 1993. - № 1. - C. 20-21.

63. Egorycheva M. T. Eficácia do tratamento de sementes antes da sementeira // Proteção das plantas e quarentena. - 2009 - № 8. - C. 43-44.

64. Zhitkov S. P. Preparação de sementes para sementeira /- Leninegrado : Lenizdat 1958. - 74 c.

65. Kalashnikov K. Ya. Tratamento de sementes / - Moscovo: 1961. - 62 c.

66. Proteção química e biológica das plantas / editado por P. A. Khizhnyak. - Moscovo : Kolos, 1971. - 215 c.

67. Peresypkin V.F. Diseases of industrial crops (Doenças das culturas industriais). M., Agropromizdat, 1986. 312 c.

68. Rakhmanin V.G. Investigação de processos de tratamento e preparação de sementes com aplicação de campo eletrostático. Dissertação de Mestrado em Ciências Técnicas. Chelyabinsk, 1974. 186 c.

69. http://www.cnshb.ru/AKDiL/0048/base/RR/050010.shtm

70. Shmonin V.A., Drichik S.T. Improvement of pesticide and fertiliser spraying technology // Tractors and agricultural machines. - 2000. - № 5. - C. 34-36.

71. Dityakin Yu.F., L.A.Klyachko, B.V.Novikov, V.I.Yagodkin. Atomização de líquidos. - Moscovo: Mashinostroenie, 1977. - C. 208.

72. https://cyberleninka.ru/article/n/raspylivanie-zhidkostiforsunkami/viewer

73. Dunsky V.F., Nikitin N.V., Sokolov M.S. Pesticide aerosols / - Moscovo : Nauka, 1982. - 288 c. 96

74. Vladykin, I.R. Controlo da instalação para o tratamento pré-sementeira de sementes por radiação UV (em russo) // Mecanização e eletrificação da agricultura. - 2007. - № 10. - C. 8.

75. Gavrilova O.P., T.Y. Gagkaeva. Fusarium of grain in the north of the Non-Chernozem region and in the Kaliningrad region in 2007-2008 // Plant Protection and Quarantine. - 2010. - № 2. - C. 23-25.

76. Dunsky V. F., Nikitin N. V. V., Sokolov M. S. Aerossóis monodispersos / - Moscovo : Nauka, 1975. - 188 c.

77. Khasanov E.R. Análise da trituração de partículas finas por atomizadores de disco // Problemas do complexo agroindustrial na região dos Urais do Sul e do Volga: actas da conferência regional científico-prática de jovens cientistas e especialistas - Ufa: BGAU, 1999.-S. 162-167.

78. Dunskiy V.F., Nikitin N. V. Liquid atomisation by a rotating disc and the question of "secondary" droplet crushing // Engineering Physics Journal. V. Liquid atomisation by a rotating disc and the question of "secondary" droplet crushing // Engineering and Physical Journal. - 1965. - T. 9, № 1. - C. 54-60.

79. Gavrilov, A. A. Biopreparations for protection of winter wheat from diseases // Plant Protection and Quarantine. - 2001. - № 1. - C. 29.

80. Rakipov V.G., Akramov A.A., Jamolov R.K., Abdughabbarov S.A. "Dorilangan chigit etalonini tayirlash kurilmasini islab chikish va

rationale volchamlarini aniqlash" // "Fan, ta'lim v islab chikarish integrationlashuvi sharoitida innovatsionnogo tekhnologii dolzarb muammolari" mausUsidagi Respubliki ilmiy-amaliy anjumani. Toshkent-2017. C.22-25.

81. Emelin B.N. Research of new technology of seed dressing: Cand. Sci. (Techn.) Dissertation: 052001. - Saratov, 1970. - 23 c.

82. Maslo I.P. e outros. Mechanisation of protection of plants. - K.: Urozhay, 1982. - 144 c.

83. Azizkhodjaev U.H., Dyachkov V.V., Rakipov V.G. Estudo e ensaio do complexo de equipamento para tratamento de sementes de algodão com a preparação "Furadan" da empresa americana FMS e preparação de propostas. TRABALHO DE INVESTIGAÇÃO E DESENVOLVIMENTO. Tashkent 1988.

84. Pokras V.M., Dyachkov V.V., Rakipov V.G., Daminov G.D. Determinação da possibilidade de utilizar a fábrica FMS para o tratamento de sementes de algodão com preparações da produção soviética. TRABALHO DE INVESTIGAÇÃO. Instituto Central de Investigação Científica da Indústria do Algodão, Tashkent 1991.

85. Pokras V.M., Normukhamedov T.A. Processing of seed cotton at cotton cleaning plants (review).-Tashkent, 1977.- pp.22-29.

86. http://k-a-t.ru/sxt/3-zashita2_protrav/index.shtml

87. Sigayev E.A., Altergott A.A., Shadrin S.A., Poluyanov A.Y. Seed dressing machine. Patente da Federação Russa № 2217897.2003.

88. Maslov G.G., Kozhan V.N., Mechkalo A.L., Barisova S.M. Seed dressing machine. Patente da Federação Russa №2316925. Boletim No.5.2008.

89. Sabirov K.S., Rakipov V.G., Jamolov R.K. Desenvolvimento de um penso universal para sementes de algodão com penugem e sem penugem. NTO. Paxta tozalash IICHB, Tashkent. 2006. 7-9 c.

90. Usmonov V.U. "Researches on improvement of cotton seed preparation technology", Avtoref. Diss.k.t.n., T.1976, 14-15 p.

91. Rakipov V.G. et al. Desenvolvimento de um doseador de funil para sementes de algodão abatidas. OST. JSC NPC "Paxtasanoat ilm", Tashkent. 1999. 92 c.

92. Rashragovich A.Y., Korabelnikov R.V., Bordanovsky V.V. e Rashragovich Y.A. Feeder of fibre processing machine. Patente URSS n.º 1379359.Bul.n.º 9.1988.

93. Dyachkov V.V., Maksudov E.T., Rakipov V.G. et al. Doseador de sementes de algodão. Patente IAP 02654.Bul.No.2.2005.

94. Jamolov R.K., Akramov A.A. et al. Desenvolvimento de uma máquina de tratamento com um dispositivo de correlação da taxa de consumo de suspensão de acordo com o desempenho do doseador de sementes, para melhorar a eficiência do tratamento - Tashkent, 2012.-29-42 p. (Relatório/JSC "Paxtasanoat ilmiy markazi"). (Relatório/Paxtasanoat ilmiy markazi PJSC)

95. Djamolov R.K., Akramov A.A. "Dori suyukligining mejorii sarfini chigit doser unumdorligiga moslashtiruvchi kurilma"// Tukimachilik muammolari. №1 2014 й. Б.15-19.

96. Akramov A.A., Jamolov R.K. "Technology of cotton seed dressing and equipment for its implementation"// Coleção de artigos científicos IV Conferência Internacional Científica e Prática 04-05 de junho. Kursk-2014. C. 27-29.

97. Patente Uz FAP n.º 00873. "Urug dorilagichi" Kushakeev B.Y., Gulyaev R.A., Jamolov R.K., Tuychiev V.H., Akramov A // Rasmii akhborotnoma.-2014.

98. Patente Uz FAP n.º 01412. "Ishchi suspensão bosimini bosimini stableashtiruvchi qurilma" Khozhiev MT, Akramov AA, Jamolov R.K., Nazirov R.R., Kuchkarov H.M // Rasmii akhborotnoma.-2019.

99. Akramov A.A., Jamolov R.K. "Analysis of the Trajectories of Seeds Falling on an Inclined Guide in the Etching Machine"// International Journal of Advanced Research in Science, Engineering and Technology. Vol. 7, Issue 4, April 2020., http://www.ijarset.com/upload/2020/april/30-paxtailm-march-15.pdf

100. Djuraev A.D., Daliyev Sh.L.. Desenvolvimento do desenho e justificação dos parâmetros do tambor de mangual composto de um limpador de algodão // Revista científica de revisão de ciências europeias No. 7-8 2017, p.96-100.

101. Maksudov R.H., Dzhuraev A. Machina va mekhanizmilar nazariyasi 2 qism (Machina va mekhanizmilar dynamikasi). Ўқuv кқўllanma ISBN 978-9943-11-946-8 "Fan va tekhnologii" nashriyoti, Toshkent 2019. 300 б.

102. Jamolov R.K., Akramov A.A., Dzhuraev A., Turdiev H.. "Analysis of small oscillations of tray mordanting plant sowing downy seeds of cotton"// FarPi ilmiy-tehnika journal. Vol. 24. No. 4. 2020 й. Б.139

103. Augambaev M., Ivanov A.Z., Terekhov Y.I. "Fundamentals of planning a research experiment". T., Ukituvchi. 1993 г.

104. thAkramov A.A. "Improved treater for the pubescent planting seeds" // 76 Reunião plenária do Comité Consultivo Internacional do Algodão (ICAC) "Cotton in the of globalisation and technological progress" XIII International Uzbek cotton and textile fair Tashkent-2017 page.-87-90.

105. Khozhiev M.T., Akramov A.A., Jamolov R.K., Ubaidullaev M.M. // Determinação do parâmetro racional da máquina de vestir com um dispositivo para correlação da taxa de consumo de suspensão, respetivamente, com o desempenho do dosador de sementes. Coleção de

artigos científicos da Conferência Internacional Científica e Prática 22-23 de dezembro de 2016. VOLUME 2. Kursk 2016. 343-347 c.

Printed by Books on Demand GmbH, Norderstedt / Germany